建筑理论·设计译丛

空间·建筑
新物语

ARCHI-
NEERING
DESIGN
GUIDE
BOOK

[日] 斋藤公男 著

李逸定　胡惠琴
吕品琦　陈晔　译

吕品琦　陈晔　校

001

中国建筑工业出版社

目录

序言

出生于Vinci村的列奥纳多先生，即列奥纳多·达·芬奇（1452～1519），带着手工制作的银质竖琴从故乡佛罗伦萨来到米兰时才30岁左右。经历了6个世纪洗礼的米兰至今仍是展示达·芬奇辉煌成就的因缘之乡。例如，在第二次世界大战的空袭危机中幸免于难的壁画"最后的晚餐"，已采用精湛的现代科学技术修复一新。达·芬奇博物馆展出的大量根据达·芬奇遗留手稿制作的发明模型，也很值得一看。

穿过大型拱廊，斯卡拉歌剧院前广场上，以市政厅为背景，耸立着列奥纳多的雕像，4个弟子环绕周围。大教堂西北侧约800m处是斯福尔扎城堡，巨大的庭院内装饰的青铜雕塑堪称世界之最：当时的米兰公爵卢多维科·斯佛尔扎下令制作的弗朗切斯科·斯福尔扎"骑马雕像"。到1493年列奥纳多只完成了马的黏土雕像（7.2m高），以当时的技术来看再往下做是相当困难的。此后，由于战争频仍，青铜铸造被放弃，黏土雕像之后也被损毁。令人震惊的是约500年后的1989年，这个梦幻的骑马雕像奇迹般出现在日本，从这个故事中可以窥见十分有趣的关键词——艺术、科学、工学、技术。15世纪兴起的文艺复兴（renaissance），法语意为"再生"，在艺术和科学领域均有着非凡造诣的达·芬奇是时代的宠儿、全能的天才。

但是，那个时期虽然艺术和宗教相融合，但宗教（基督教）和科学却背道而驰。彼此激烈冲突的状态，在以丹·布朗（DAN BROWN）原著为脚本改编的电影《达·芬奇密码》和《天使与野兽》中有着生动的描写，主角汤姆·汉克斯被卷入神秘的漩涡，进入黑暗世界。

然而有关建筑的"科学"即力学，首次作为刊物发行是著名的《新科学对话》（1638年），是列奥纳多去世约80年后，70岁的G·伽利略倾注了自己全部心血的力作，由此从经验走向了科学，结构力学顷刻间全面开花，迅猛展开。新材料铁及相应的结构技术和施工方法的出现始于18世纪后期的产业革命，并取代石材和木材的传统"工学"，在铁桥、水晶宫、皇家艾伯特桥等的技术挑战中，工程技术的职能（地位）开始确立。

在"斯福尔扎骑马雕像"中隐约可见4个词汇，即"艺术、科学、工学、技术"，并作为实体被表现出来。事实上，要独立定义这4个词汇是深奥而困难的，就其关联性存在诸多不同见解，如尝试提取各自要素，可以看到各种有趣的组合。

例如，"艺术与科学"是人类幻想的产物，它可以轻易地超越时代；"技术与工学"是人类创造的现象，它从属于时代，根据社会的需求而变化；"科学与工学"在证明、验证假说过程中逐渐获得了普适性；与之对应的"艺术与技术"，则都是人类幻想的产物，个性非常突出，就某个灵感突然闪现这一点与"技术与科学"是相同的。但认为只要有了"科学与工学"，任何"技术"都可以实现的想法是危险的；相反，即使在没有"科学和工学"的时代，也存在着许多技术性、艺术性遗产。

然而，所谓设计（意匠）的行为是什么。"设计需要可以实施的具体对象，设计的语源是素描，即决定对象的轮廓。所谓意匠，意为形象，匠为制作。"（香山寿夫《人类为什么要建造》王国社）。2008年开始的日本建筑学会"建筑设计发表会"也是基于对此理念的共识，就城市、环境、建筑、结构等相关领域的多学科交流越来越盛行。

"设计"一词多针对可视"形式"作为名词使用，当然在动词上具有更加广泛的意义，是构思、验证、选择的一系列行为，其针对的领域极其广泛，包含着人各种各样的行为。我们经常要面对设计的世界，例如人生的设计、旅行的设计等等，当然结构设计也是其中之一。

工业设计（ID）生产出来并构成我们周围环境的各种各样的物品（工业产品），不管产品的大小、可动不可动、轻重，都以满足操作性、耐久性、低成本、舒适性等条件为目标。比如，苹果公司创始人史蒂芬·乔布斯（1955~2011.10）的革命性理念，从iMac到iPad，始终贯彻软硬件相结合，包罗万象的IT产品、持续不断地追求操作便利性和最优化设计。

住宅制造商生产的住宅也是其中之一。一般认为最新的科学工程技术是工业设计的基础，当然也包含节省资源、节约能源的视角。有时技术和市场经济结为一体，超越了使用者的需求，形成过度设计，对技术的过度信赖导致技术冒进，这一点不得不警惕。

换个视角，在追求美与强的意义上，体育世界中有体操及水上项目的跳水、花样游泳；以及从技术角度和艺术角度进行评价的花样滑冰、跳台滑雪；还有竞速和跳跃方面的滑雪、滑冰、游泳、田径等。在这些运动中，那瞬间生动的身姿中闪烁着并非刻意追求"技术"的自然"美"。

人力飞行器不断削减重量实现轻量化之后达到了极致之美，自然界的生物世界也可以发现类似现象。

可以认为"工程（技术）"是在操作和应用科学和工学力量的同时，对各个课题以安全性和经济性为轴心获取目标成果的行为，再进一步深入就有了"工程设计"。

每当提及建筑的工程设计（E·D）时，就浮现出奥维·阿拉普精辟的论述："E·D与科学不同，因为在科学领域中，要调查每个现象从而发现规律，而E·D则采用一般的规律解决不同的问题。在这个意义上（特别是在建筑领域），也许可以说E·D比科学更接近艺术，因为它与艺术类似，解决问题的方法是无限的。"

工业产品设计和建筑设计有哪些不同？虽然它们有共同点，但生产市场普及产品的工业设计（I·D）的思路和方法在"建筑领域"是不能原样照搬的。建筑的多样性、特殊性、即时性和时间性等诸多条件与一般产品的设计相比，条件要苛刻得多，比如：作为设计条件的场地条件、地震·雨·风·雪等外部影响、功能和性能的变化、业主的个性和想法、成本和工期、耐久性等。在以上条件的基础上，要决定一个设计方案作为结论，在此过程中，仅仅依靠电脑是不够的，还需要人类所具有的无限潜能以及称为"慧眼"的构思能力。

"建筑创造"需要具备工程师视角的（E·D）的同时，还必须要有来自建筑师视角的关心，即如何实现设计理念（所追求的目标）？如何发掘技术潜在的可能性？这两个矢量是未来时代的强烈诉求。两个矢量存在于建筑师和工程技术人员在职能上的协同之中，或者共存于一个人的个体之中，日本古老的传统工匠世界也是如此。

形象和技术，或建筑师和工程设计人员之间的融合、触发、统合的状态被称为建筑工学设计（Archi-Neering Design简称AND），Art、Architecture及Engineering之间的关系需要重新演绎。当再次关注无数包括世界遗产在内的优秀建筑、城市及住宅时，发现那里有支持这些规划、设计和生产的AND的世界——为了地球和人类的建筑世界。

朝着未来的飞翔寄予于两个矢量支撑的"建筑之翼"上。

斋藤公男

ARCHI-NEERING DESIGN GUIDE BOOK

从模型中学习
洞察新建筑

在这里将关于新型建筑设计(建筑工学设计)的见解
分为 9 个主题,
分别通过模型展开说明。

照片:加藤词史、中家雅晴

历史的步伐 1 History

建筑、文明以及文化演变进程中最重要的元素之一就是"材料"。

建筑材料历经了土、石、木、水泥、混凝土到钢铁的演变。

人类从有建筑意识并且开始创造性地进行建造，到底经历了多长时间呢?

尽可能地发挥那个时代固有材料的潜力。

为了人居和城市，如何发挥材料的作用，人类再次开始新的思索。

在"科学（力学）"和"工学"还不是很发达的时代，人类凭借信念、热情、创意和努力不懈，创造出众多蕴含技术结晶的美丽建筑和城市。

从人类遗产的角度来看建筑工学设计的世界，耐人寻味、乐趣无穷。

马丘比丘 | 15世纪
秘鲁安第斯山脚下印加帝国遗迹

印加石砌技术

站在海拔2400m遗迹西端被原住民称为马丘比丘（老年峰）山脊的高台上，"空中城市"及其周围的景色尽收眼底。在深深的谷底，像壕沟一样环绕着巨大城池的乌鲁班巴河波涛翻滚，瓦纳比丘（青年峰）矗立在眼前，后面是绵延的安第斯山脉。

据推测，城市人口大约1000人左右，从遗迹中挖掘出的173具尸骨中，男性尸骨只有13具。据说这里是为太阳的女儿阿古亚建造的。完全独立的多功能城市供水设施，以及在建筑群中随处可见的精湛石砌技术令人吃惊。印加人凭借精湛的石砌技术被称为"石砌魔术师"，受到高度评价。但是不可思议的是关于石砌技术的记载非常少，印加帝国为何最终没有出现用石头砌成的拱形结构和穹顶结构，至今仍是个谜。（44页）

埃及金字塔的石头

建筑、文明以及文化演变进程中最重要的元素之一就是"材料"。

建筑材料历经了土、石、木、水泥、混凝土到钢铁的转变。

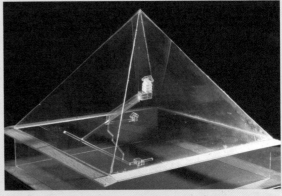

金字塔 | 埃及 | 建筑师/结构师：不明

透明的金字塔。金字塔里面究竟是什么样的无人知晓。模型中1个砝码相当于3个人的重量，10个砝码可达到平衡，据此推算出每块岩石的重量大约为2吨。如果累积堆放超过200万个，真是件很神奇的事。
（40页）

加尔桥 | 法国·BC19　建筑师/结构师：不明

此拱形结构是罗马时期的供水渡槽。石头的重量（垂直力）通过石头间的压力（推力）来支撑，是什么原理呢？（48页）

〈叠拱实验〉"做到了！""我是不是很厉害呀！""再叠一点似乎还可以，但是如何解释其中的原理呢？"

阿尔贝罗贝洛的特鲁洛（Trulli）石屋 | 意大利　建筑师/结构师·不明

冬暖夏凉的3层特鲁洛石屋是在拱形结构出现之前的"支架结构"（疑似拱形），通过"移动"产生空间，但如果移动过多就会发生倒塌，那么它的界限是什么呢？（46页）

罗马万神殿 | 意大利·BC27　建筑师/结构师：不明
万神殿的结构内部有着隐藏的拱群。（52页）

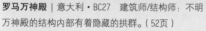
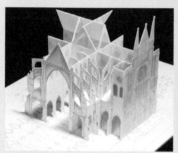
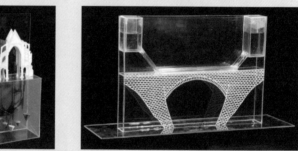

巴黎圣母院 | 法国·1163　建筑师/结构师：不明
飞扶壁力的传导路线（压缩流线），通过应用"反吊原理"的模型
中线的张力来表现。（58页）

通润桥 | 日本·1854　建筑师/结构师：不明
向山谷流下的水路，又被引流向上，它是利用了倒虹
吸原理，对日本石工军团建造的结构艺术进行了解体
分析。（50页）

世界三大古代砌体穹顶
万神殿（罗马）/圣索菲亚大教堂（伊斯坦布尔）/圣母百花大教堂（佛罗伦萨）
不同时代的3个穹顶分别对应着向大空间技术的挑战、建筑空间结构的发明和都市象征的主题。

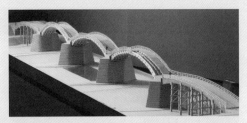

锦带桥 | 日本·1673　建筑师/结构师：不明
结构体系不是单纯的拱，而是混合结构系统，即使是用模型来表现也很费精力。（69页）

严岛神社 | 日本·593　建筑师/结构师：不明
抵御山谷下刮的强风和汹涌的海浪，持续经受强烈扰流的"结构和装置"是日本工匠智慧的结晶。（64页）

伊势神宫 | 日本·4C　建筑师/结构师：不明
支撑屋顶的柱子上端缝隙极小，模型充分展现了这一点。（111页）

白川乡合掌造民居 | 日本　建筑师/结构师：不明
"合掌造"的3个要素马鬃、稻草、绳子相结合，并忠实表现出来。（68页）

会津海螺堂"圆通三匝堂" | 日本·1796　建筑师/结构师：不明
双螺旋神奇塔状建筑。（131页）

上三原田歌舞伎观众席结构 | 日本　建筑师/结构师：永井长治郎
充分利用木材柔韧性搭设的临时大屋顶。拉一下模型前方的线，马上就出现一个漂亮的拱形结构。（66页）

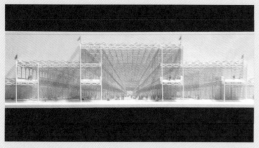

水晶宫 | 英国·1851 建筑师/结构师：约瑟夫·帕克斯顿
宏伟的玻璃无柱空间。用模型来展现它的通透和宏大，实在是
相当困难。（71页）

皇家艾伯特桥 | 英国·1859 建筑师/结构师：埃桑伯
德·K·布鲁内尔（Isambard Kingdom Brunel）
维多利亚时代的"金字塔"。"自锚式"张拉拱形桥梁，用
船载运至现场，提升安装一气呵成。（74页）

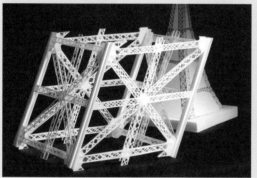

埃菲尔铁塔 | 法国·1889 建筑师/结构师：A·G·埃菲尔
制作节点中，美丽的编织状构件和节点立刻浮现眼前。（76页）

卡纸做的铁塔。从上方一边挂下一边镶箍，轻飘飘的塔就能坚
固地自立起来。

福斯铁路桥 | 英国·1882 建筑师/结构师：本
杰明·贝克
19世纪"钢铁时代"最后的"钢铁巨人"。结构
形态兼具"格贝式的明快"和"霍尔拜因的稳
固"。（78页）

萨尔基那山谷桥 | 瑞士·1930 建筑师/结构师：罗伯特·梅拉尔特
曾经被希格弗莱德·吉迪恩力赞为"结构艺术"的名桥，80年后的今
天，形象依旧独特鲜明。（84页）

阿里奥斯（Allo）水道桥 | 西班牙 · 1939　建筑师/结构师：爱德华 · 托罗哈
机智巧妙地利用了预应力原理，水道桥上包括防水层都没有漏水的痕迹，这个杰作至今仍健在。（96页）

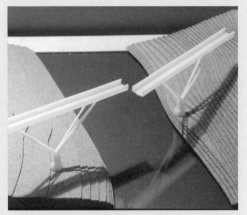

达勒姆步行桥（kingsgate Bridge） | 英国 · 1963　建筑师/结构师：奥维 · 阿拉普
此桥是悉尼歌剧院搁浅期后阿拉普倾注全部精力设计的小桥，构思巧妙、转动90度成为一体的桥体结构和节点都很有趣。（94页）

天空之屋 | 日本 · 1958　建筑师：菊竹清训/结构师：谷资信
迷倒世界的住宅，小空间里赋予了宏大的构思，应用的混凝土技术也很有意思。

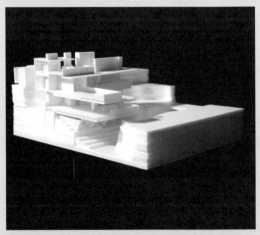

流水别墅 | 美国 · 1936　建筑师：弗兰克 · 劳埃德 · 赖特/结构师：不明
F · 赖特留下的不朽著名建筑。巨大悬臂面临湍流和塌方的危机，后通过后张法技术得以解决。（83页）

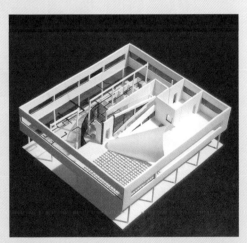

萨伏伊别墅 | 法国 · 1929　建筑师/结构师：勒 · 柯布西耶
这是柯布西耶的杰作，近代建筑五项法则得以具体化。它的特点是独立的墙壁和用大的柱子支撑悬挑楼板形成骨架的施工工艺。（83页）

20世纪的建筑与技术

2

Architecture and Technologies in 20th Century

以1950~1960年代为中心，出现"结构表现主义"潮流。

"结构表现主义"本质是什么，从那里产生了什么，失去了什么，现在再度反思。

以往，"结构"是对空间和形态所具有的普遍表现力。

"建筑"的课题如何定位。

例如，它的出现或者消失，是个人还是时代的选择。

19世纪"钢铁时代"的结构师们创造的空间尺度轻而易举地超越了人们的想象力。

20世纪，对于建筑形态的表现给予了更加自由的翅膀。

基于个人、组织甚至更大范围/跨度内的合作，扩展了新的材料和新的体系的可能性。

以成熟技术为背景，即使是微小的技术创新，经过不断开发和应用后，也可能发展成为被继承和进一步发展的独特技术。

要珍惜建筑工学设计的视角。

仙台媒体中心 | 2000
建筑师：伊东丰雄/结构师：佐佐木睦朗

这个建筑具有由楼板和支持它的管柱组成的最纯粹的结构体系，满足建筑规范最低限度要求，细径钢管构成的HP状镂空格构柱作为主体结构，与钢制超薄三明治结构楼板共同构成建筑物。

大小不等的13根独立格构柱（2~9m）构成立体结构，由细径厚壁钢管（FR钢）制成。格构柱分散布置，其中4根主要的格构柱作为抗震塔状悬臂杆进行工作，地下一层是韧性型刚架结构，地上部分是单层桁架HP薄壳。其余9根小管径格构柱对水平力不起作用，主要作为支柱支撑垂直荷载。

三明治结构钢板的厚度约40cm，对于跨度约20m的楼板来说已经是极限了，仅用13根格构柱支撑，即实现了50m正方形无梁空间结构。

模型制作时，努力尝试充分展现格构柱（格构柱：主要是钢管格构结构）和楼板（蜂窝状板：三明治结构钢板）的组合。（180页）

圣家族大教堂 | 西班牙·1883
建筑师/结构师：安东尼奥·高迪
高迪的仿生建筑。教堂的螺旋状楼梯，从上面看下去就像鹦鹉螺一样，中间没有柱子，只依靠墙壁和踏步自平衡成型。（81页）

古埃尔领地教堂 | 西班牙·1915　建筑师/结构师：安东尼奥·高迪
由罗伯特·胡克提出的"反吊"构思，作为高迪的设计手法得到实现。"啊，这是重力的作用！"，对于孩子们来说，这是能够切身感受到结构形态的瞬间。（81页）

古埃尔公园 | 西班牙·1914　建筑师/结构师：安东尼奥·高迪
公园下面的长廊空间。挡土墙的形态是根据土压力静力矢量图设计的。（81页）

大量的临时设施材料对于RC薄壳来说是无法摆脱的宿命，但由此诞生的如花瓣般绽放的薄壳曲面，却让人见识到了魔术般的美丽。

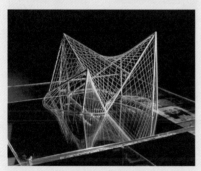

泽纳基思将柯布西耶描绘的草图具体化，成为光和映像的展示馆。1m见方的PCa曲面板支撑于双层索网之间。

海恩堡（Hainburg）游泳馆 | 瑞士·1979　建筑师/结构师：海恩茨·伊斯拉
这是伊斯拉根据"反吊原理"做成的三维RC薄壳，美观合理的空间和形态至今仍得到很高的评价。（86页）

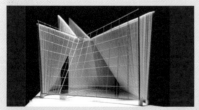

东京圣玛丽亚大教堂 | 日本·1965　建筑师：丹下健三/结构师：坪井善胜
与"代代木体育场"为同一时期作品，由丹下·坪井共同合作完成。8组RC·HP曲面构成的内部空间非常具有感染力。（101页）

冥福之森市营火葬场 | 日本·2006　建筑师：伊东丰雄/结构师：佐佐木睦朗
由4个抗震筒和12根圆锥柱支撑的RC自由曲面，根据计算机形态解析得出。

庄臣公司总部 | 美国·1944　建筑师：弗兰克·劳埃德·赖特/结构师：不明
漂浮在光中呈蘑菇状的柱群。虽然单根柱子是不稳定的，但是通过相互连接形成稳定的结构体系。（174页）

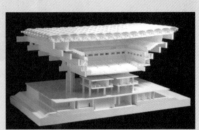

国立京都国际会议中心设计竞标方案 | 1963
建筑师：菊竹清训/结构师：松井源吾
"建造一个开放式的交流会议场所"，菊竹强烈的理念探索形成的倒锥型空间结构，使人联想到传统木制建筑鲜明的结构体系。
（174页）

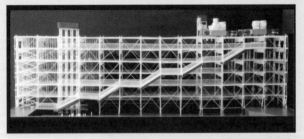

蓬皮杜中心 | 法国·1977　建筑师：伦佐·皮亚诺、理查德·罗杰斯/结构师：彼得·赖斯
出现在巴黎的街道中，具有与埃菲尔铁塔相同的革新性，传统格贝式空间结构以及节点十分有趣。（178页）

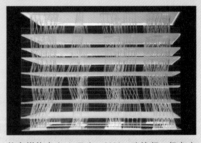

仙台媒体中心 | 日本·2000　建筑师：伊东丰雄/结构师：佐佐木睦朗
由"像海藻一样"的柱子和薄板构成的空间结构，与实物相比也许模型更能让我们感受它的魅力。（180页）

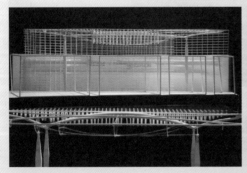

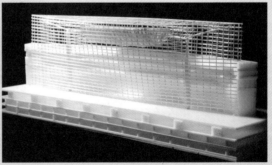

东京国际会议中心 | 日本·1997　建筑师：拉斐尔·维诺里/结构师：渡边邦夫
玻璃屋顶的重量不是向短轴方向而是向长轴方向传递的结构设计不尽合理，但是可以感受到中庭空间营造的勃勃生机，具有强烈的设计感。

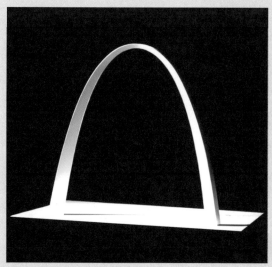

杰弗逊纪念拱（圣路易斯弧形拱门）| 美国·1965　建筑师：埃罗·沙里宁/结构师：不明

雄伟的拱门是"西进之门"的标志，洋溢着强烈的沙里宁式的浪漫主义。（80页）

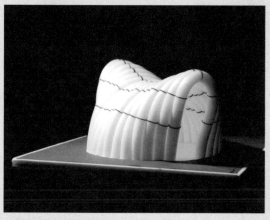

大阪万国博览会富士馆| 日本·1970　建筑师：村田丰/结构师：川口卫

用简单的几何形体创造出有机的形态，村田·川口对未来"空气"的可能性提出了挑战。（162页）

熊本公园穹顶| 日本·1997　建筑师：高桥靗一/结构师：木村俊彦

基于高桥·木村方案建造的"浮云"，为了形成"透镜"效果，不依靠支撑框架而是使用"空气"来支撑。（162页）

大阪万国博览会庆典广场大屋顶| 日本·1970　建筑师：丹下健三/结构师：坪井善胜、川口卫

从结构体系、节点到施工方法都充满了多样化的先进技术，球形铸造节点极具代表性。

东京穹顶| 日本·1988　建筑师/结构师：KAD共同设计室（日建设计+竹中工务店）

对于封闭的日本，此项目具有一定的突破性，至今仍具有很大意义。（163页）

曼海姆多功能厅| 德国·1975　建筑师：弗雷·奥托/结构师：特德·保罗

依托"自然"的奥托的能量是惊人的，这是大家最热烈讨论的结构。（178页）

莲花体育场设计方案| 日本·1994　建筑师：松田平田设计/结构师：日本大学空间结构设计研究室

荷叶形状的结构形态，与欧美相比，它受到特别严重的外界干扰，如果这个结构能实现，一定会很有意思。

造型与技术的交叉点 3

Interface Between the Image and Technologies

应该对“建筑”造型深思熟虑，因为这是全部工作的起点。
所谓“造型”，它包含空间·形态·机能·性能等，在流动的时间长轴中，运用什么技术去实现呢。
建筑工学设计的目标正在于此。
例如，对于透明的空间、有机的形态、变化的功能、与自然景观的协调、对室内环境的有效控制等。
在某些时候，革新的结构技术（原材料/结构方法/施工方法）、安全性和经济性、对自然能源的利用以及依靠人力设置临时空间的技术等也会成为造型的核心。
换而言之，造型也可称为项目的命题。
不管怎样，需要询问那些站在造型和技术交叉点的人们对统合·设计的关心和努力。
今后的课题也包括计算机所具有的潜力以及如何面对。

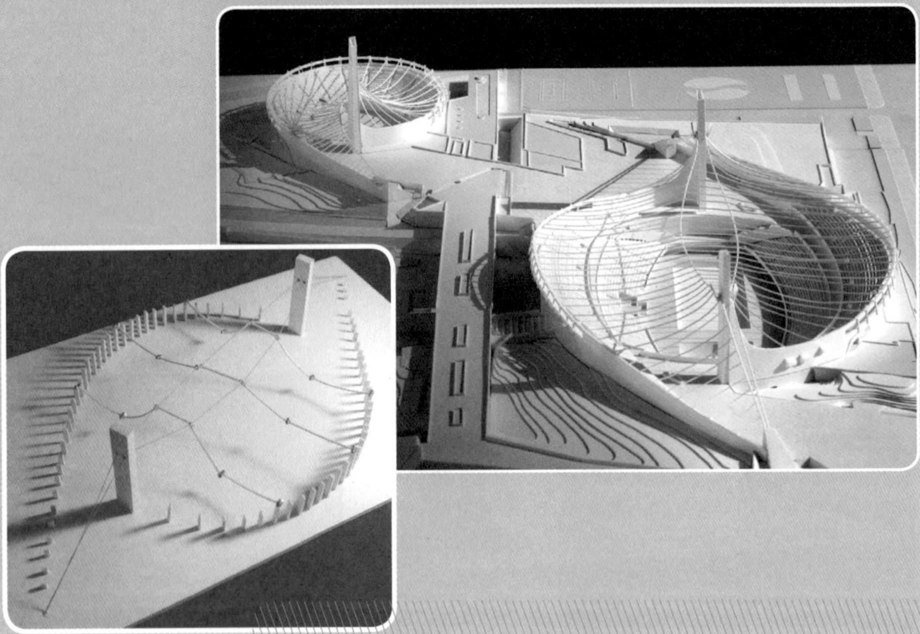

国立室内综合体育场“代代木体育馆” | 1964
建筑师：丹下健三/结构师：坪井善胜

第二次世界大战结束15年之后，成功举办奥林匹克运动会并回归国际社会，每一个日本人的内心都充斥着这样的愿望，同时立志要建造出被世界夸耀的建筑。

建筑和结构两支团队首先开始构思建筑的基本造型。各自制作多种小模型，以都市与景观、功能与形态、结构与施工为背景进行了深入的分析和探讨。

“既开放又封闭的空间”，原宿、涉谷两座车站间都市的道路被具体造型化，空间构成体系被结构化。

当时悬挂结构在世界建筑界中初露头角，无论是在结构设计上还是在施工方法上经验甚少，完全处于摸索阶段，那时计算机也还未登场，作为主角的是手摇和电动计算器。

在日本近代建筑史中，竣工后历经40余年仍不失设计新颖性、持续保持迷人魅力的建筑绝无仅有，川口卫将建筑主要特征归纳为以下四点：

- 结构设计和建筑设计的高度融合
- 首次正式使用铸钢技术来表现建筑造型。
- 在悬挂屋顶中引入“半刚性”理念。
- 在大跨度建筑中首次引入阻尼的概念。（104页）

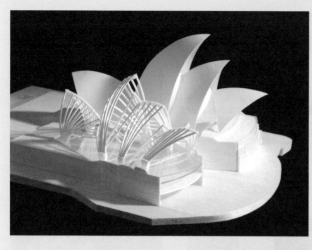

悉尼歌剧院 | 澳大利亚·1973 建筑师：约恩·伍重/结构师：阿拉普
"曲率全部相等的曲面？那是球！"恍然大悟的伍重激动地跳了起来，进展缓慢的基本设计迅猛加速。双曲率曲面无法用纸实现，明知如此，仍然被纸制薄壳群模型的美所吸引。（112页）

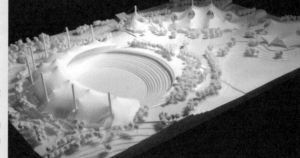

慕尼黑奥林匹克体育场 | 德国·1972 建筑师/结构师：弗雷·奥托
在薄膜和索网间，能看到类似力学的又是几何学的结构，此起彼伏的大屋顶的有机形态与周围绿色的山丘、池塘互相辉映，十分和谐。（108页）

梅赛德斯·奔驰体育场（旧戈特利布·戴姆勒体育场）| 德国·2001 建筑师/结构师：J·Schlaich+Bergermann（sbp）
可翻新体育场的轮辐结构。（128页）

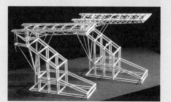

静冈县小笠山综合运动公园体育场（ECOPA）| 日本·2001 建筑师：佐藤综合计画/结构师：斋藤公男+构造计画 PLUS 1
集成材建造的仿生形态看台屋顶。（175页）

北京国家体育场（鸟巢）| 中国·2008 建筑师：雅克·赫尔佐格、皮埃尔·德梅隆/结构师：奥雅纳
300多米的旋转门式框架，再添加构件，建造出一个复杂的巨型雕塑。（182页）

莲花体育场设计方案 | 日本·1994 建筑师：松田平田设计/结构师：日本大学空间结构设计研究室（协力）
在梦中结束的未建创新型体育场。

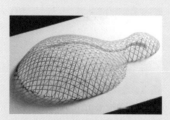

山口KIRARA博览会纪念公园多功能穹顶 | 日本·2001 建筑师：日本设计/结构师：斋藤公男
力学和施工方法具有整体合理性，目标是尽可能在自然中创造自由体系。（156页）

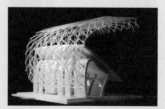

2009年高雄体育场 | 中国台湾·2009 建筑师：伊东丰雄/结构师：竹中工务店
螺旋状的连续体，构成流动、开放的体育场空间。

台中大都会歌剧院 | 中国台湾·预计
2015　建筑师：伊东丰雄/结构师：塞西
尔·巴尔蒙多
由58个"悬链曲面"构成的拓扑空间，
像洞窟一样连续，充满刺激，同时也极
具能量感。（180页）

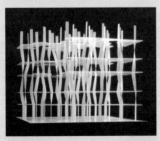

神奈川工科大学KAIT工房 | 日本·2008
建筑师：石上纯也/结构师：小西泰孝
305根扁钢建造出来的结构空间，与感
性功能空间有机融合。

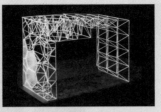

北京国家游泳中心"水立方" | 中
国·2008　建筑师：PTW建筑设计事务
所/结构师：奥雅纳
根据传统理论按照几何学排列组合而
成的多面体一目了然。

加利福尼亚大学柏克莱美术馆 | 美国·
2006　建筑师：伊东丰雄
精密排列的"四方屋"，既相互分开又
互相连接。

蛇形画廊·展馆 | 英国·2002　建筑
师：伊东丰雄/结构师：塞西尔·巴尔
蒙多（ARUP）
通过将正方形扩大、旋转，用简单的韵
律创造出临时空间结构的设计。（183页）

毕尔巴鄂古根海姆美术馆 | 西班牙·
1998　建筑师：弗兰克·盖瑞/结构
师：SOM
自由形态的"表层"与结构不相干，
造型是通过IT技术实现的。（179页）

积层之家 | 日本·2003　建筑师：大谷弘明/结构师：陶器浩一
将PCa棒像"校仓"似的堆积起来，用杆捆紧，半镂空墙体围成的空间很丰富。
（149页）

劳力士研修中心 | 瑞士·2010　建筑
师：SANAA/结构师：B+G（佐佐木睦朗）
漂浮在宇宙中的大地，加厚曲面板内藏
11个拱。（91页）

丰岛美术馆 | 日本·2010　建筑师：西
泽立卫/结构师：佐佐木睦朗
丰富的起伏地形上布置的如水珠般的有
机空间与水的艺术，恰似与未知的相
遇。（90页）

LEICHTRAUM | 2010　建筑师：细谷浩
美+马卡斯·西埃弗/结构师：金田充弘
（奥雅娜）
几何学多面格子上竖向扭转的薄板柱。
（181页）

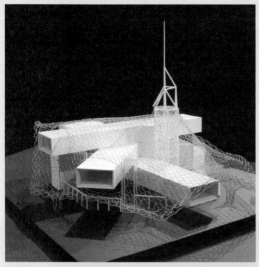

蓬皮杜梅斯中心 | 法国·2010 建筑师：坂茂+Jean de Gastines/
结构师：Hermonn Blumer
以几何学平面格子为基点的自由形态，是用集成材立体格子做
成的。(178页)

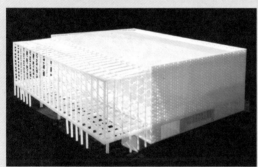

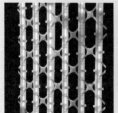

金泽海之未来图书馆 | 日本·2011 建筑师 Coelacanth K & H/
结构师 oak构造设计
被无数圆孔冲孔板所包围，形成「蛋糕」似的单一空间。

HOKI美术馆 | 日本·2010 建筑师/结构师 日建设计
30m的悬挑空间，结构与设备包含在艺术空间内，看过的
人都被它的魅力所吸引。(175页)

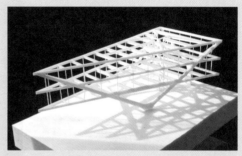

东京工业大学附属图书馆 | 日本·2011 建筑师 安田幸
一+佐藤综合计划/结构师 竹内彻
初看感觉结构是不稳定的，其实各层平面的重心与3个支撑
点的中心是一致的。

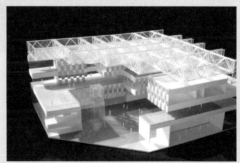

长冈市市政厅中心广场 AORE长冈 | 日本·2012 建筑师
隈研吾/结构师 江尻宪泰
主角是覆盖在"街道中间"的玻璃大屋顶，开放的街道洋
溢着市民的活力。

空间结构的各种形态

4

对美观而合理地创造无柱空间（column free space）的追求历程，对人类而言，既是技术的发展过程，也是建筑的历史进程。

从抵抗弯曲的梁和刚架，抵抗轴力的拱和薄壳、悬挂屋顶、膜结构，更进一步形成张拉材与刚性部件结合的混合结构。

无论在什么时代，材料的性能和结构体系都是紧密、有机结合的。

由三维建筑构件构成的、具有轴力抵抗形态的结构方式被称为空间结构（Space Str./Spatial Str.）。

不仅立体构成和形态特征要如实地表现建筑空间，对连接节点和生产、安装工艺也需要进行研究。

虽然不是什么都能实现，但"轻量化"作为建筑工学设计的课题趣味深远。

蒙特利尔万博会美国馆 | 1967
建筑师/结构师：巴克敏斯特·富勒

连接平面或曲面上任意2点的最短连线称为测地线（Geodesic Line）。连接球面上2点的大圆所形成的网格穹顶，是富勒为数众多的作品中最能展示他的成就的，最初的契机是正二十面体戴马克松地图。自1949年以来，世界上已经出现了数十万个网格穹顶。

1970年发表的宏伟的曼哈顿计划，就是依托于直径3.2km的穹顶，将自然能源与都市环境融为一体。这一梦想，经过圣刘易斯生物科学馆生物圈的实践，6年后在蒙特利尔万博会美国馆（1967年）中得以实现，虽然规模不大，但终于成为现实。覆盖小城市空间的创新穹顶直径是76.2m，是原计划直径的两倍大，但是因为预算不足节点改成焊接节点了。控制热环境的自动控制卷帘绽开如六角形的花。作为妻子安妮的"泰姬陵"——富勒最爱的"巴克泡"，在1976年的改建工程中被烧毁，如今作为生物科学馆生物圈得以重建，受到市民们的喜爱。

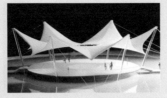

科隆舞台 | 德国·1957 建筑师/结构师：弗雷·奥托
用肥皂泡制作张力形态是学习轻型结构的第一步，张拉膜的世界奥妙无穷。（110页）

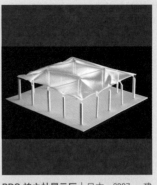

BDS 柏之杜展示厅 | 日本·2007 建筑师：K工作室/结构师：斋藤公男+构造计画 PLUS 1
吊挂型张拉膜，风从起伏曲面的顶端吹过，留下舒适的室内空间。（165页）

岩手县立体育馆 | 日本·1967 建筑师：小林美夫/结构师：斋藤公男
是在"代代木体育场"建成那年开始计划实施的主拱式索网结构，曾考虑沿主拱扩展，开放边界。（199页）

法拉第大厅 | 日本·1987 建筑师：小林美夫/结构师：斋藤公男
欲从后现代潮流中摆脱的小型轮辐型张弦梁结构，以展现新型结构与整体结构的合理性为第一主题。（136页）

前桥绿色穹顶 | 日本·1990 建筑师：松田平田设计+清水设计/结构师：松田平田设计+斋藤公男（合作）
"前桥方式"以造型和技术相融合为主题，是长轴170m的椭圆形张弦梁结构。（155页）

出云穹顶 | 日本·1992 建筑师：鹿岛设计/结构师：鹿岛设计+斋藤公男
以"和"为造型的穹顶采用集成材和弦索相结合，在地面拼装后，一举顶升就位。（155页）

新加坡室内体育馆 | 新加坡·1989 建筑师：丹下健三/结构师：川口卫+织本结构设计
取下环箍材向拱形材料内插入铰链穹顶即可折叠。潘达穹顶的原理如此简单可谓是大发现。

日本大学理工学部体育馆 | 日本·1985 建筑师：小林美夫、若色峰郎/结构师：斋藤公男
利用应力（变形）控制和自锚式的特性实现了张弦梁的滑动施工方法。

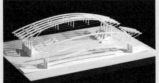

酒田市国体纪念体育馆 | 日本·1991 建筑师：谷口吉生、高宫真介/结构师：斋藤公男+构造计画 PLUS 1
尝试由张弦梁（横向）和悬挑钢架（纵向）组合的空间结构，采用提升施工方案。（138页）

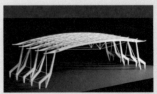

石川综合体育中心 | 日本·2008 建筑师：池原义郎/结构师：新谷真人
以"麒麟和蛇"的独特造型为支撑结构来构成张弦梁。

雷恩诊所｜德国·2000　建筑师：拉姆·韦伯·多纳特/结构师：Werner Sobek
此结构是在索网自由曲面上固定"薄木板"式玻璃板。（118页）

天城穹顶｜日本·1991　建筑师：桥本文隆/结构师：斋藤公男+结构设计集团
它是日本最早的也是最后的索穹顶。（141页）

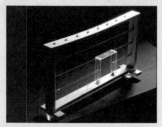

尖端材料科学中心｜日本·1995　建筑师：秋元和雄/结构师：斋藤公男
日本最早的索网式MJG结构形式玻璃幕墙。（123页）

JFE化学研究所｜日本·2009　建筑师：木下昌大/结构师：森部康司
螺旋状连续钢框架构成的无柱空间。

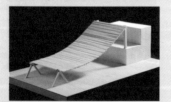

中国木材名古屋事业所｜日本·2003
建筑师：福岛加津也+富永祥子/结构师：多田修二、大家真吾
把方木料用钢索固定，自然悬垂形成悬挂曲面。（103页）

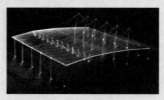

唐户市场｜日本·2001　建筑师：池原义郎/结构师：斋藤公男+KKS
100张PCa板用预张力紧固，通过外索悬挂张拉。（148页）

WHITE RHINO｜日本·2001　建筑师：藤井明/槻桥修/结构师：川口键一、吕振宇
通过张拉整体结构支柱撑起张拉膜结构。（146页）

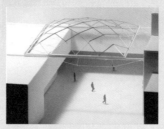

建筑会馆·可移动屋顶｜日本·2003
建筑师：秋元和雄/结构师：斋藤公男
张拉整体结构（I）与悬挂式张拉膜相结合的可移动屋顶。（150页）

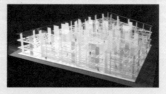

盐尻市市民交流中心Enpark｜日本·2010　建筑师：柳泽润/结构师：铃木启
97根PCa墙柱建起来的多功能空间结构。（177页）

砥用町林业综合中心｜日本·2004　建筑师：西泽大良/结构师：日本奥雅纳
由木材和钢格建成的灌木丛状不规则顶棚。（175页）

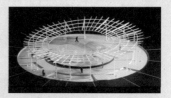

胜哄站水舞台｜日本·2008　建筑师：山下设计/结构师：山下设计+斋藤公男
玻璃屋顶的风压和地震力由SKELSION龙骨承受。（142页）

野侬纪念学术交流馆｜日本·2003
建筑师：饭田善彦/结构师：金田胜德（合作：斋藤公男）
用张拉整体结构刚架建造的"帘"状曲面幕墙。

羽田黑野门论坛栋｜日本·2013　建筑师/结构师：日建设计
折叠铁环式张弦梁结构折叠后提升。（141页）

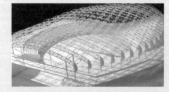

札幌穹顶｜日本·2001　建筑：原广司/结构师：竹中工务店、大成建设（佐佐木睦朗）天然草坪的巨大平台可以自由出入的开闭式穹顶。（151页）

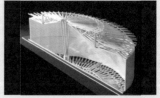

国际教养大学图书馆｜日本·2008　建筑师：仙田满/结构师：山田宪明
使用地产木材建造的圆形剧场戏剧性的内部空间。（187页）

矗立在大地上的柱子是向神明祈愿的小宇宙。

竖起一根石材或木材的柱子，被称为「建筑」的起点。

对"高度"的追求成为人类荣耀、执着、权利与财富的象征。

21世纪的今天，超高层意味着什么呢？

当然，是为了支撑高密度城市的经济文化活动，或者说是为了促进地区、社会的发展，也可以说是作为地标。

但是在中国和中东、近东地区对于超高层高度的过热化竞争何时能够停下来？

人类的欲望和社会的欲望究竟要走向何方？

在作为地震国家的日本，建筑工学设计对高度和安全性的挑战有着其他的含义。

包括抗震·减震·隔震，不但需要考虑有效利用现有建筑并对其进行修缮，而且需要考虑把结构（刚性）和建筑（柔性）2个性能紧密结合。"抗震设计"将是今后重要的课题。

东京工业大学须豆香华台校园G3栋改造工程 | 2010

结构师：和田章

一般为了延长现有结构的使用寿命并提高其耐震性有两种方法：第一种是在整个建筑物内安装抗震装置，作为一个全新的建筑物设计并再生的方法；第二种方法是承认现有建筑物的设计价值并提高建筑物的结构性能。现在还有 种工程改造方法是在尊重原设计特点的基础上用最小限度的修改最大程度地提高建筑物抗震性能，这种新型方法在东京工业大学须豆香华台校园研究生楼做了尝试。和田章的核心观点是独立型封闭墙柱，类似五重塔的中心柱，发生地震时防止特定层的崩塌，并分散建筑物整体的地震能量。这种结构与原建筑结合得天衣无缝、浑然一体。基本思路是在尊重现有开口部设计的基础上进行别出心裁的构思并产生共鸣，使得项目一下子成为现实。

墙柱的缝隙中插入了钢制减震器，底部的铰接节点、一楼供用部的设计、世界伟人格言刻字等等，充满了设计团队的力量和愿望。（184页）

世界贸易中心｜美国·1973　建筑师：
Minoru Yamasaki（山崎实）/结构师：
Leslie E·Robertson
核心筒和四周管状结构建成的双塔，曾
经是纽约的象征。（133页）

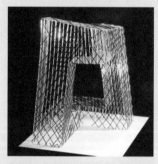

北京中央电视台总部大楼｜中国·2008
建筑师：OMA（大都会建筑事务所）/结
构师：奥雅纳
有效的支撑配置、杂技般的形态，是IT
的产物。

东京都厅第一本厅舍｜日本·1990
建筑师：丹下健三/结构师：武藤清
超过100米的无柱大空间，内藏华丽
的双塔，是东京都的象征。（134页）

哈利法塔（BURJ KHALIFA TOWER）｜
阿拉伯联合酋长国·2008　建筑师/结构
师：SOM
3个轴心的平面螺旋状层叠至160层的混
凝土超高层建筑。（133页）

上海环球金融中心｜中国·2008　建筑
师：KOHN·PEDERSEN·FOX、入江三宅设
计事务所/结构师：LERA
结构体系、构造节点中充满创意的超
高层。形态简洁鲜明，创新的构思相
当有趣。

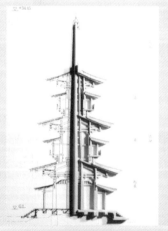

药师寺西塔｜日本·1981年复原　建筑
师/结构师：不明
心柱的减震耐震效果、天平结构等与现
代相通的理念，工匠的智慧不可估量。
（62页）

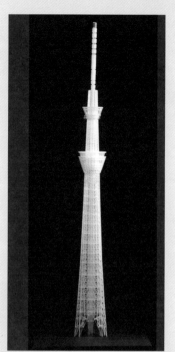

东京天空树｜日本·2012年　建筑师/结构
师：日建设计
世界第一的独立型铁塔。由三角形到正圆
形的轮廓变化、减震结构、施工方法等都
很有意思。（63页）

MODE学园螺旋塔｜日本·2008 建筑师/结构师：日建设计
强韧的核心筒和纤细的外周框架结合而成，内部装有减震系统和屋顶调频质量阻尼器。(135页)

MODE 学园蚕茧塔｜日本·2008 建筑师：丹下都市建筑设计/结构师：日本奥雅纳
坚硬的外部设施与柔软的核心间设置了减震装置。(135页)

代代木私塾本校 OBELISK｜日本·2008 建筑师/结构师：大成建设
4面超大幕墙将空间·形态·结构统合在一起。(135页)

安全隔震馆｜日本·2007 建筑师/结构师：高桥靓一、SFS21+清水建设
钢制房间悬挂在混凝土核心轴上，塔顶隔震固有周期目标是10秒。

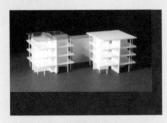

洗足连体住宅/G-FLAT｜日本·2006 建筑师：北山恒/结构师：金田胜德
笔直的墙柱与楼板成为一体，细的中间柱创造开放的空间，使视线产生交叉感。(177页)

Prada精品店青山分店｜日本·2003 建筑师：赫尔佐格、德梅隆/结构师：竹中工务店
水晶般格状外观和无柱店铺空间，地下隔震得以实现。

Maison Hermes｜日本·2001 建筑师：伦佐·皮亚诺/结构师：日本奥雅纳
大高宽比造成柱根部抗拔力较大，这个建筑得以实现是采用了"步进柱"方案。

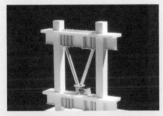

新宿中心大厦｜日本·改建于2011 建筑师/结构师：大成建设
建后约35年的超高层建筑，为应对长周期振动，共安装了288座减震器。

滨松Sa-la改建｜日本·改建于2010 建筑师：青木茂/结构师：金箱温春
建成约30年后的抗震补强，如同藤蔓又像丝带一样螺旋形缠绕在建筑物上。(185页)

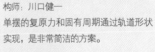

盖格单摆（Gage Pendulum）｜日本 结构师：川口健一
单摆的复原力和固有周期通过轨道形状实现，是非常简洁的方案。

赤坂王子酒店解体工法TELOREP系统｜日本·2012年解体 建筑师/结构师：大成建设
曾经是备受人们喜爱的著名建筑，随着解体方案的提出，从都市中华丽消失。

港区未来中心大厦｜日本·2010 建筑师/结构师：大成建设
在贯通混凝土墙柱的钢结构梁内插入吸收能量的构件，建成隔震结构，可确保地震时的抗震性和可居住性。

身边的 [AND] 与居住的 [AND]

6

环顾四周，就会发现我们置身众多产品之中（通过工学设计制造的产品），例如交通工具、电子机械、衣服、运动用品、家具和日常用品等等，既有魅力又合理的物品数不胜数。

这些物品中的大部分在以商品形式出现在市场之前，都投入了巨大人力物力才得以生产出来，人们确认相应性能后拥有并使用。

而建筑（建设）工学设计则因客户的喜好或地震/风/雪等干扰外因的不同而不同，是个性化极高的一种产品。

对设计和生产方面成本要求也很严格，通常要求有迅速且适当的决断力。

这是建筑工学设计（AND）的第一个特征。

"AND"的难度和乐趣，即使规模很小机能简单也不会改变。

如与人们生活息息相关的住宅建筑等，设计耗费的精力其实会有所增加。

希望大家关注感性（魅力）与理性（合理性）相融合的身边的"AND"与居住的"AND"。

不弯曲的桌面 | 2005
建筑师：石上纯也/结构师：小西泰孝

看似弯曲，其实不然，桌板像是飘浮在空中，相当不可思议。这张为艺术展示会制作的9.5m（长）×2.6 m（宽）×1.1 m（高）的4支腿桌桌板极薄，仅6mm厚，可以将桌板卷起方便搬运。我们在搬运大型纸张时会在无意识中卷成圆筒状，这张桌子将极其日常的感觉自然地融入到设计中。

在固定荷载（桌板自重+艺术品荷载）作用下桌板会发生弯曲，用挠曲线方程式计算出曲率，给桌板施加相反方向的弯曲，当桌面上放上艺术品时就会变成水平状。

家具如同建筑一样，建筑师和结构师密切合作进行设计制作，制造者也从设计阶段开始就参与进来，就如何确保纤细材料的高精度制作反复协商。这个过程其实也是建筑的设计。

用模型制作"不弯曲的桌子"和"弯曲的桌子"，就可以感受到它们的不同。（173页）

Architecturing Design for Housing and Furniture

伊纳科斯桥｜日本·1994　建筑师/结构师：川口卫
内置钢索将石材集聚为整体桥面。（149页）

安东尼·葛姆雷｜日本·2000　建筑师/结构师：阿拉普
运用了隔震技术（球面滑行支撑）和日本特有工艺（冷热嵌合）的艺术品。

KILLESBERG塔｜德国·2001　建筑师/结构师：耶尔格·施莱希
由互为支撑的桅杆和外周钢索构成，脚下的球支座堪称艺术品。（130页）

唐户桥｜日本　建筑师/结构师：加藤词史+斋藤公男
将"海中泡沫"具象化的连接多面体结构（立方八面体），支撑路面的骨架使整体保持稳定。（158页）

张拉整体球体
由4个正三角形悬浮形成的张拉整体球体结构，外周的弦形成正八面体。

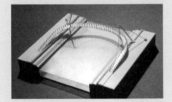

凯尔海姆步行桥｜德国·1987　建筑师/结构师：耶尔格·施莱希
由人流设计出的独特通路。古朴的街道、协调的美的形态，还有革新的技术，真是精彩的课题。（124页）

慕尼黑玻璃桥｜德国·1988　建筑师/结构师：耶尔格·施莱希
展示弧形桥结构和规模的体验性实验模型，在桥上步行时的振动和应力如在眼前。

阿拉米略桥｜西班牙·1992　建筑师/结构师：圣地亚哥·卡拉特拉瓦
一眼看上去如同特技的形态，包含着卡拉特拉瓦特有的力学原理主张。

津田兽医院｜日本·2003　建筑师：小岛一浩/结构师：佐藤淳
由无背板钢板格构成的毫无浪费的空间。（181页）

细胞砖｜日本·2004　建筑师：山下保博/结构师：佐藤淳
用有背板的箱体作为抗震要素的薄钢板结构。

2008威尼斯建筑双年展日本馆｜意大利·2010　建筑师：石上纯也/结构师：佐藤淳
垂直荷载由极细的柱子支撑，水平荷载由玻璃幕墙支撑。

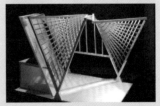

布鲁日展示馆｜比利时·2002　建筑师：伊东丰雄/结构师：新谷真人
非自立柔软蜂窝状正六角形上贴上岛状铝板，"结构体"就形成了。（175页）

一又二分之一｜日本·2006　建筑师：河江正雄/结构师：徐光
像鸟笼一样的混凝土桁架结构滑向悬崖前端。（174页）

东京大学弥生讲堂一条大厅/分馆｜日本·2006　建筑师：河野泰治/结构师：稻山正弘
八组仅一点支撑于地面的木板HP薄壳相互支撑的空间结构。

今治市伊东丰雄建筑博物馆 | 日本・2011
建筑师：伊东丰雄/结构师：佐佐木睦朗
把几个多面体堆叠起来就形成多样化的空间和形态，孩子们觉得很有趣，"我也要当建筑师！"（159页）

巴黎救世军船上收容所方案 | 法国・2008　建筑师：远藤秀平+ACWC Archtects/结构师：IOSIS centre Quest
它是抽象形态与多样形态的融合，表里相连续的一体化结构。

清里艺术画廊 | 日本・2005　建筑师：冈田哲史/结构师：陶器浩一
通过无面外刚度的胶合板的弯曲与结合构成，作为空间结构装置的构造体。（176页）

澄心寺配殿 | 日本・2009　建筑师：宫本佳明/结构师：陶器浩一
它是作为宗教空间基础设施的混凝土薄壳结构，下方引入了便于自由增改建的木制框架。（179页）

大阪城Gravitecture | 日本・2005　建筑师：远藤秀平/结构师：清贞信一
自然重力和空间如何结合呢？16mm钢板制作的曲面形态意义深远。（179页）

IRON HOUSE | 日本・2007　建筑师：椎名英三/结构师：梅泽良三
外观似蛋壳的结构。L形中心的室外空间演绎出舒适的室内空间感觉。（176页）

内圆住宅 | 日本・1988　建筑师：圆山彬雄/结构师：海老名雅三
针对凛列的北海道气候设计的2层砌体结构住宅，作为可持续建筑存在。

波尔多住宅 | 法国・1998　建筑师：雷姆・库哈斯/结构师：塞西尔・帕尔特
"既简单又复杂的家！"业主的理念在建筑师和结构师的合作下得以精彩实现。（172页）

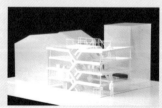

S HOUSE | 日本・2013　建筑师：柄泽佑辅/结构师：艾伦・巴登
视觉动线连续而悠远。立体错综的空间概念贯彻到结构的每一个角落。

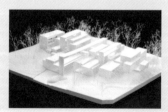

群峰之森 | 日本・2014　建筑师：前田圭介/结构师：小西泰孝
将单一方向刚架立体地集积在一起，身体距离感和自然流动性等多样化空间风景一一展开。

整体张拉之花｜2011　建筑师/结构师：斋藤公男+日建设计
同样结构体系的2个整体张拉花朵。

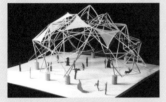

展开穹顶｜建筑师/结构师：LSS
像魔术一样瞬间打开，吸管穹顶搭设
完成，当然，谜底也揭晓了。

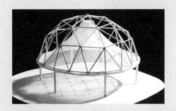

休憩穹顶
德国的桁架节点，美国的膜材，日本
的形状设计，不同出生地的"国际穹
顶"诞生了。

A-Dome｜2010　建筑师/结构师：斋
藤公男+LSS
仅靠人力搭建出来的多面体穹顶。东
京凯旋展上的照明（石井RISA明理）
也很有趣。（153页）

BIG ART｜建筑师/结构师：佐藤淳
建筑会馆开馆时登场的BIG ART（张拉整体·膜）。（145页）

MOON｜建筑师/结构师：东京理科大
学小岛一浩研究室+佐藤淳
谁都不曾见过的临设空间，60名学生
精彩的压轴展示。（145页）

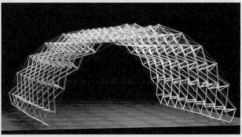

仙台媒体中心"彩虹剪"｜建筑师/结构师：斋藤公男+LSS
多段式剪刀撑一举展开，看不见的弦使结构体艺术地变化。（152页）

Ring Around a Tree｜日本·2011　建筑师：手塚贵晴+手塚由比/结构师：大野博史

四座梯子（格构柱）与极细的柱群，融入家具和树木中，看不见"建筑体"，也感觉不到力学的存在。（172页）

富士幼儿园：日本·2007　建筑师：手塚贵晴+手塚由比/结构师：池田昌弘

支撑椭环形木制屋顶的无规则柱子，形成3个方向的刚架结构。（172页）

古董娃娃工坊｜日本·2009　建筑师：前田圭介/结构师：小西泰孝

互相平衡又相互叠加的"箱子"，从重力中解放出来的带状腰墙，将建筑用地的界限变得模糊。（181页）

熊本站西口站前广场｜日本·2011　建筑师：佐藤光彦/结构师：小西泰孝

成排穿孔板构成的新车站广场诞生，细柱和薄墙建成的刚架结构，只有内行的人才能看到。（177页）

长冈市千秋"Teku-Teku"车站幼儿园｜日本·2009　建筑师：山下秀之、木村博幸/结构师：江尻宪泰

似乎听到"〇和△和口，好开心呀！"。（177页）

Deployable Dome｜建筑师：斋藤公男

"打开、关闭，好像梦一样的穹顶，如何做到的呢？无论玩多久都充满乐趣。"

一栋建筑作为个人私有财产的同时，在物理和文化角度上也是社会资产。

居住环境和都市建设是相互联系的，都市和环境密切相关。

从宏观角度对城市设计的尝试可以追溯到古代的文明国家。

在大胆构思下实现都市特性永垂后世的事例有很多。

以曾经的江户和京都为开端，日本众多美丽的都市与自然共生，在世界上引以为豪。

从明治、大正、昭和、战后复兴到21世纪，可以看到众多不懈挑战未来都市梦想的人们。

尤其从1960年"东京计划"开始的这半个世纪。

究竟该如何去描绘和实现"新都市"的形象呢？

顺带说一下，2008年日本建筑学会（AIJ）在广岛大会上提出了"地球=大家"的课题。

针对50年前巴克敏斯特·富勒（Buckminster Fuller）提出的"地球号宇宙飞船"的构想，建筑工学设计在现实中不断摸索都市与环境的结合。

蒙特利尔国际博览会美国馆与"地球号宇宙飞船"构想一脉相承

太阳能烟囱计划 | 2005

建筑师/结构师：耶尔格·施莱希

新型太阳能的有效利用对施莱希来说是一生孜孜以求的研究课题，他在很久以前就对欠发达地区的贫穷、人口增长和无止境的经济增长对世界和平与环境带来的威胁等问题特别关心。不知从何时开始他坚信打破这种困境的一个出路是开发和利用太阳能能源。

1972年由金属薄膜制成的太阳光集热器（Membrame Dish）1号开始，不久就迅速向太阳能烟囱发展，1981年，在西班牙曼萨纳雷斯荒野上建成了第一个试验性工厂，塔高195m，收集器（从透明的塑料薄膜改进为玻璃板）的直径是250m。2002年11月《时代周刊》将这个伟大的构想评选为当年最佳发明，据杂志报道这个项目于2005年实现了。

在广阔的沙漠中建成一个高1000m的塔和2万英亩的聚光屋顶，就可以为20万住户供电。什么时候"建成一个烟囱，依靠自身所产生的能量自然增殖"，从未开垦的、遥远炎热的沙漠各国，向世界输送自然的无穷无尽的能源呢？（188页）

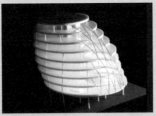

伦敦市政厅 | 英国·2002 建筑师：诺曼·福斯特/结构师：阿拉普
根据日照、方位设计的一个非对称球体，由三层外壳覆盖。(187页)

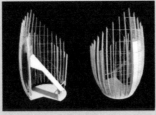

让·马里·吉巴乌文化中心 (Jean-Marie Tjibaou Cultural Centre) | 新喀里多尼亚·1998 建筑师：伦佐·皮亚诺/结构师：阿拉普
耸立在海洋岛屿上的10座"单体"，都是双层外壳，丰富的风源促进建筑内空气自然换气。(186页)

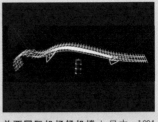

关西国际机场候机楼 | 日本·1994 建筑师：伦佐·皮亚诺+冈部宪明/结构师：皮特·莱斯(OAP)+日建设计
开放的空气通风道是一个符合流体力学的大构架，形成连续的内部空间。(186页)

"ACROS FUKUOKA福冈" | 日本·1995 建筑师：日本设计+竹中工务店+埃米利奥·安伯斯/结构师：日本设计
覆盖植被的阶梯花园，使冷却的空气流向居室南侧以降低温度。(187页)

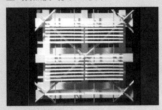

东京工业大学绿之丘1号馆改造工程 | 日本·2005 建筑师：安田幸一/结构师：竹内彻
与减震支撑一体化的半开放型双层外壳结构，对应季节提供舒适的室内环境。(185页)

东北大学大学院环境科学研究科生态研究室 | 日本·2010 建筑师：佐佐木文彦/结构师：山田宪明
建筑物中央设有中庭空间，可引导木制空间内舒适的空气流动。

岐阜大学医学部等遗迹复合设施 | 日本·预定2014年 建筑师：伊东丰雄/结构师：阿拉普
起伏的木制薄壳像织物一样编织而成，下面悬吊着11个"照明灯"，形成一个风、光、声音、人的和谐环境装置。

TOKYO 2050 | 建筑师：尾岛俊雄+早稻田大学尾岛研究室
2000m的超高层与河流的再生构想有利于都市的集约化和自然的恢复，根据与都市隔离的构想建造出了"风之道"。

东京计划1960 | 1961 建筑师：丹下健三+东京大学丹下研究室
在东京湾上建造的一个庞大的人口都市，是从向心型都市转变为革新型都市的结构项目。

FIBER CITY | 2005- 建筑师：大野秀敏+东京大学大野研究室
"缩小时代"的优胜者是一个尽量以线状形态为核心的重组计划，与其说是"创造"倒不如说是"编辑"更贴切。

伽比亚公园 | 西班牙 建筑师：伊东丰雄
能源的再利用，排弃物的处理，对生物多样性和森林野生育成的促成，我们称之为"基础设施景观"，是新型公共空间的方案。

在"轻型结构设计"领域，德国结构界近年来取得了革新性的巨大成果。
特别按照建筑工学设计的主题介绍先导者耶尔格·施莱希和他的团队（以下称sbp）的众多作品，
通过轻型结构作品涉及艺术的状态（科学技术=结构工学的进展状况），
进一步思考并对未来的发展充满期待。
轻型结构是什么？采用何种结构建造？
进一步加深了解是非常必要的。

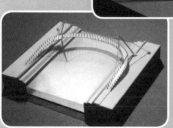

慕尼黑玻璃桥 | 德国·
1988　建筑师/结构师：
耶尔格·施莱希
不可思议的结构体系，
还有美丽的节点。胜过
博物馆的结构艺术。
（125页）

梅赛德斯·奔驰竞技场（旧戈
特利布·戴姆勒体育场）| 德
国·2001　建筑师/结构师：耶
尔格·施莱希＋Bergermann（sbp）
构思的来源是自行车车轮，在原
有的体育场外围立上柱子的超轻
量张拉屋顶，内环是关键。（128
页）

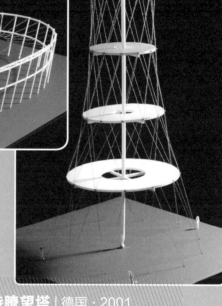

凯尔海姆步行桥 | 德国·1987　建筑师/
结构师：耶尔格·施莱希
大弧度的空中走廊通过一根桅杆和索群支
撑，一个将优美街道、河流与人相连的新
景观诞生了。（124页）

斯图加特瞭望塔 | 德国·2001
建筑师/结构师：耶尔格·施莱希

1991年，举行了国际园艺博览会斯图加特的瞭望塔设计竞标。施莱希团队的方案被评为最优方案，但因为经济原因难以推进，结果在10年后才得以实现。山丘上耸立的高34m的瞭望塔，可以将从商业区到库尔斯维克山丘连绵宽广的绿地尽收眼底。

瞭望塔分为4段，相互连接，配有两部螺旋楼梯（一侧向上，另一侧向下），人们在塔中可以一边上下楼梯，一边360°展望四周，享受变成小鸟自由飞翔的快乐心情。

观光塔通过48根直径约手指粗细的纵向钢索和斜向钢索支撑。钢索网整体悬吊在高度41m的中央桅杆上，可同时增强直径较小的中央桅杆的刚性以避免屈曲。顶部压缩环和下部圆形基础之间形成的索网必须导入充分的预张力以抵抗全部荷载。中央桅杆柱脚的球型节点，精致小巧，十分精彩。（130页）

来自 3·11 的信息

Message from 3.11

经历3·11东日本大地震后，建筑工学设计的现状也随之发生了很大的变化。
"与生命相连的建筑的智慧"是必要的，且需要重新认识。
生命是指人类、社会、自然的生命。
超越时间，彼此相连，连接它们的是建筑的知识与智慧。
建筑工学设计新的第九课题在这里加上了：来自3·11的信息。
震灾后在丸之内·马尔立方体举办的"AND展览会"虽然展示空间有限，但是营造了
一个建筑界和市民交流的空间。
6层高的中庭里悬挂着一个鲜明有力、鼓舞人心的巨大横幅：为日本加油。

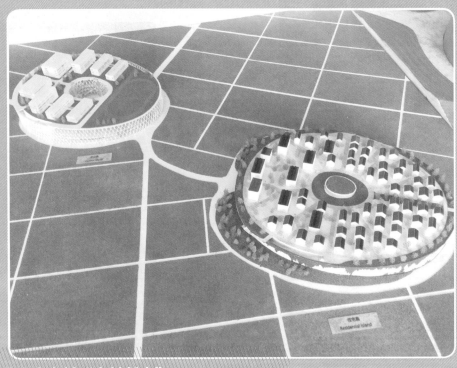

东北空中乡村 "农村版本" | 2011
建筑师：迫庆一郎

这是一个海拔高度20m的可避免水淹的、牢固的人工陆地计划。这个大约东京穹顶大小的人工陆地，不仅兼具高度和强度，可以对抗大规模的海啸，而且卵形的平面形状可以将海啸向两侧分开，确保人工陆地内部的安全和充分的空间，避免水产业及后勤受灾，重新融合使街道充满活力的商业，可作为新产业基础设施进行整备。人工陆地上部建有防灾公园空间，在遇到地震和海啸等大规模灾害时作为紧急避难/储备据点使用，容纳临时性居住和临建住宅用地，此外还有高附加价值的可以眺望宽广大海的商业、商务设施等计划。

对于这个基本的人工陆地单元"住宅岛"，其中心配置"中心岛"，拥有网状躯体外壳，设想可以使海啸通过。外部采光，可以成为办公和公共设施空间。

一方面对应各种各样的复兴课题、社会要求力求最完善化，另一方面运用新时代的能源/IT技术/交通等最新的技术使之商品化，成为与世界接轨的典型。

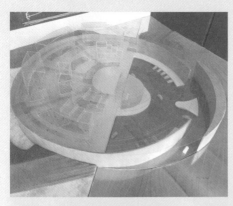

东北空中乡村构想（渔港版本·2011）|建筑师：迫庆一郎

空中乡村的海上渔港版本是一部分海港室内化，在那里停泊的船只，不仅可以对抗海啸，还可以应对满潮。另外渔港还汇集了许多水产品加工场，并成为水产业的出货点。

完全室内化的渔港避免了鸟虫等的灾害，可以完全确保品质卫生的管理，这对日本水产业以欧洲为起点向海外出口时通过卫生管理标准（HACCP）十分有利。

宫城县名取市再建时，仅仅依靠加高加固堤坝和住宅地的对策并不能完全防止海啸的灾害，因为渔港无论如何都是呈开口状朝向大海的。因此在街道前端设置一个空中乡村，一方面将渔港收纳在地盘内，另一方面起到将从帆船船首状防潮堤开口处侵入的海啸左右分开的作用。

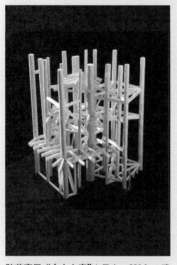

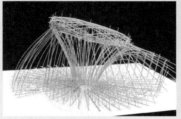

陆前高田"众人之家" | 日本·2011　建筑：伊东丰雄+干久美子+藤本壮介+平田晃久/结构师：佐藤淳

用因海啸盐害而枯萎的圆杉木搭建而成的箭楼一样的屋顶，一眼可以望见失去的街道，灾区中诞生了温暖的小型休息场所。

竹之会所——复兴的方舟 | 日本·2011　建筑师/结构师：滋贺县立大学陶器浩一研究室

寻回海啸中失去的"集会场所"。学生们的热情成为全部的原动力，将本地产的竹子采伐、搬运、组装，因为重量轻所以需要动脑筋考虑抵御风、雪的体系和节点。海边高台上建造的会所，外观和内部都如同被洗礼过一样美丽。（67页）

东松岛"全体孩子的家" | 日本·2013　建筑师：伊东丰雄+大西麻贵/结构师：新谷真人

希望建造一个临时住宅区，孩子们可以享受像家一样的场所。具有不同表情和空间的3个家聚集在一起，仿佛一个小型街市。

"书之屋"釜石桑畑书店 | 日本·2013　建筑师：杉浦久子

受灾后的釜石书店。被海啸冲过，海啸的痕迹留下印记，只有主体结构残留下来。以此形象为模型，希望作为一个信息传递出来。

ARCHI-NEERING DESIGN GUIDE BOOK

01 | 垒石、堆石

Piling up and Packing of Stone

每块2.5吨的石块，总数高达230万块。人们不禁要问为什么要建造它，又是如何砌筑而成？金字塔之谜，唯有法老知道。

左：古代欧洲的"世界七大奇迹"中，唯有埃及金字塔硕果仅存。为什么要建造金字塔？其建造理由至今仍是个谜。金字塔是由每块重达2.5吨的230万块石块堆叠而成的。

右上：吉萨金字塔（远景）。近处是胡夫王金字塔，远处是卡夫拉王金字塔。右下：沿着敦煌向西直达丝绸之路，道路旁黑砂土堆延绵不断，锥体状的沙堆随着时间的推移逐渐形成一道连绵的防沙堤。难道建造金字塔的初衷也是相同的吗？

　　埃及97%的国土是沙漠；尼罗河从南向北蜿蜒流淌，全长6700km，可耕种的土地仅在尼罗河两岸约10~20km；无论古代还是现在，人们都沿河而居。据说金字塔曾一度是闪闪发光的白色丰碑，成为反射太阳光芒的耀眼灯塔，迎接着从地中海到埃及、来到尼罗河的人们。

金字塔是人工建造的山吗？

　　目前，埃及被确认的金字塔数量是79座，其中三角形的真正的金字塔68座。最引人关注的是金字塔所在地和建造年代，几乎所有的金字塔都位于三角洲西岸的100km以内，在大约1000年的古王国时代集中建成。

　　"金字塔是法老权威的象征，是通过暴政和人民的牺牲换来的"，这一认知是从希罗多德（Herodotus）时代长期延续下来的。然而今天，认为法老是恶魔、金字塔是其皇陵的意识已经淡薄了。物理学家K·门德尔松认为金字塔是"为了解决处于尼罗河泛滥期（7~10月）的农民

Material	石	木	铁	混凝土	玻璃	膜

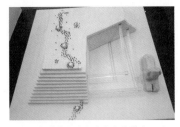

关于金字塔的建造方法有多种说法。近几年认为比较可信的说法是内部隧道掘进方式，螺旋状隧道的总长度约1.4km，白天工程作业可以避开强烈的阳光，陵线的形状也容易辨认。

代赫舒尔的"折角金字塔"。金字塔也隐含着法老的野心和建设者的挑战。其形状比任何其他金字塔都尖锐，其仰角由54′23″折向43′23″，然而以失败告终。正像砂山，譬如"富士山"的形状是自然形成的一样，石头和金字塔的形状中也体现了力学和物理学的原理。

Archineering Design Guide Book

空间・建筑新物语

白教堂（2005年）。如何用小的单元（圆环）来填充空间呢？截角四面体的每个面换成圆环，相互间的接触部位采用开槽焊接，形成柔软而独立的钻石状墙体，如金字塔般，对每个单元密实填充后再行掘削，即从Masonry（砌筑结构）转向Against Architecture（反建筑），金字塔性和迷宫性并存，产生边界不明确的建筑。

鱼糕板再利用搭设的积木空间——八幡浜鱼糕板幕墙项目（2010年）。©佐藤光彦研究所

| fig.1 | **暗榫的变化**

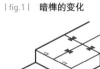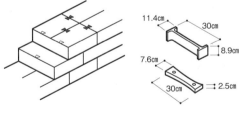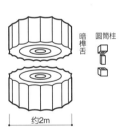

具有柱微凸线的帕提农神殿廊柱高10m、柱底直径2m。为了搬运和施工的方便，圆柱分割成圆鼓式的石块进行垒砌。据说其连接部位的小暗榫（木块）不仅可以确保施工精度，而且可以吸收地震时的位移和能量。

041

失业问题的公共事业"的观点已被广泛接受。

不过疑问依然存在，为什么仅在短暂的帝王时代？为什么都集中在北部三角洲的尼罗河西岸？为什么选择如此巨大规模的四角锥体？如果不是帝王的墓，它的目的又是什么呢？

在各种不同的解释中最有说服力的假设是"为保护尼罗河西岸的丘陵而建造的人工假山"（高津道昭），即为留住尼罗河洪水泛滥所带来的丰富黑土，同时防止河道因侵蚀而向西部的沙漠移动。

为了同时满足这两个相互矛盾的需求，通过建造巨大的金字塔来"建造有间隙的堤坝"——单体是锥体块、连成群组时就起到了间隙式堤坝的作用。尽管多个金字塔相互之间是分离的，但由于泥沙沉积，不久这些小山丘就连接起来，成为阻挡波浪的堤坝。坚固却又不妨碍洪水流入沙漠的最佳形体就是四角锥体。而且更重要的是它不会对周边国家造成影响，它不是一个巨大的城堡，而"看似陵墓"。金字塔的奥秘只有法老和极个别的高官知道。

| Year | | B.C. | A.C. | 1000 | 1600 | 1800 | 1900 | 2000 |

02 | 黎明前的叠涩穹顶

A Corbeled Dome before the Dawn of True Domes

将石头依次错位、按环状垒砌而成的穹顶空间。
从阿特柔斯宝库产生的技术超越了时空、跨越了海洋。

左：仰望阿特柔斯宝库的墓顶。被冠以阿伽门农父亲名字的穹顶古墓，实际上埋葬的是谁不得而知。右：在山坡上建造的穹顶古墓。砌有挡土墙的墓道通向王陵的入口，在入口巨大的过梁上方，阳光从叠涩拱上的三角窗射入。

　　从雅典向西约100km、跨过科林斯运河、到位于伯罗奔尼撒半岛以东的迈锡尼古城是乘巴士约2个小时的短途旅行。公元前2000年左右，来自希腊西北的迈锡尼人南下来到这片土地上定居，他们在接受米诺斯文明影响的同时，也建立了自己的文明，并在约公元前1600～1300年左右，迎来了文明的鼎盛时代；由于火灾频发和多利安人的入侵，在公元前1100年左右灭亡，逐渐被人们所忘却，成为被沙尘掩埋的庞大城市国家遗迹。海因里希·施里曼（1822～1890）出现在那里已经是3000年后的事了，距发现传说中的"特洛伊遗址（1873年）"不久的1876年，他终于从迈锡尼穹顶古墓中发掘出"黄金面具"。

　　直到施里曼成功发掘之前，没有人知道有着长达450年辉煌历史的迈锡尼文明的重要性。而且，具有深远意义的是在这个荒废殆尽的要塞城市中，发现了可称为穹顶结构"原点"的精彩结构形态。

Material		石	木	铁	混凝土	玻璃	膜

左：通向地下墓道的叠涩拱。中：难以攻陷的迈锡尼城堡遗址。目光越过通往科林斯的道路，可以眺望到远处的阿尔戈利斯湾。
右：被称为"特洛伊战争"希腊军总司令的阿伽门农的黄金面具（雅典国立考古学博物馆）。

| fig.1 |　**叠涩的原理**

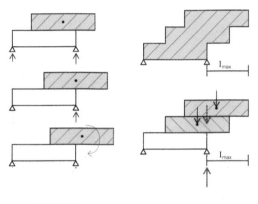

I_{max}=最大叠涩长度

力学的原理极其简单。对于两块积木的情况，将上面的木块向右移动，当错位接近1/2左右时就会变得不稳定，发生倾斜、倒塌。三块积木的情况，最上面的木块再挑出多少会倒塌？经过计算也马上就能明白，但凭直觉来判断就很困难了。如按照这个顺序叠加六块积木（长20cm），其最大叠涩长度I_{max}应该是多少？叠涩的形状如何？用游戏的心态来挑战一下是很有趣的。

体验"叠涩结构"原理的叠涩积木实验。目标是尽最大可能向外挑出，即最上面的木块最远能比最下面的木块挑出多少。但有3个规则：第一必须由下往上叠加；第二只能用单手操作；第三摆放后不能左右移动，手必须马上果断地离开。当超过极限时，积木就会轰然坍塌，相当有趣！

从巨石砌筑看穹顶的历史片断

　　一种是"叠涩拱"。城墙入口处威风凛凛的狮子门、墓道（石砌隧道）和王陵的窗户都是用石材一点点向前挑出，水平砌筑，留出三角形的间隙（空间）。这种建造手法称为"Corbeled Arch"或"False Arch"（近似拱形）。

　　另一种是"叠涩穹顶"。在城墙外部的山坡上遗留有被称为"阿伽门农之墓"或者"阿特柔斯宝库"的圆锥状穹顶大空间（圆形墓：Tholos，Tomb）。穹顶底部直径14.5m、高13.5m。穹顶墓的石材每块都依次略微错开，砌筑成环状的穹顶，在迈锡尼展现了最优秀的石砌技术和最精心最具雄心的结构形态。在罗马人创造的"真正的（叠涩）穹顶"之前、称得上是"黎明前的穹顶"技术，经过漫长的时光，终于度过了亚得里亚海，于16世纪中叶，开始在阿尔贝罗贝洛的城里创造出迷人的"蘑菇形住宅"。

Year		B.C.	A.C.	1000	1600	1800	1900	2000

03 | 神鹰展翅的空中城市

An Andean Condor Flying over Sky City

马丘比丘是海拔2500m、曾有1000人居住的空中城市。那里的人们生存在苛刻的区位条件和自然环境中，充斥着令人叹服的生活智慧。

当你背对马丘比丘（老年峰）站在高坡上时，展现在你眼前的是瓦纳比丘（青年峰）前"空中城市"令人窒息的全景。与作为兀鹫栖息地的自然遗产一起，1983年被注册为世界遗产（摄影，1983）。

从秘鲁库斯科向西北约160km，坐约3个小时火车，再从小车站换乘小型巴士沿着陡峭的山坡到达山顶。站在海拔2400m遗迹西端，原住民称为马丘比丘（老年峰）山脊的高台上，"空中城市"及其周围的景色尽收眼底，美丽风景令人陶醉。

1911年一个寻找传说中的城市的男人历经艰辛来到这块土地，他是海勒姆·宾厄姆三世。他在成为专业考古学者之前，曾是一个痴迷于南美魅力的探险家（据说是电影《印第安纳·琼斯》的原型）。印加帝国被西班牙人皮泽洛（Pizarro）征服是1533年的事。许多寻找逃离的印加一族的城塞和财宝的人们，走遍安第斯大小山脉，但均无果而终。可是宾厄姆没有放弃，依靠土著的"传说"，始终不渝地追求自己的"梦想"。

出现在高高的悬崖峭壁上的独立城市

危险的吊桥、陡峭的山坡以及茂密的森林，险峻的群山仿佛是在阻挡来访者。然而在毫

1984年开通的"海勒姆·宾厄姆大道"，600m下的乌鲁班巴河水流湍急。在谷底谁也不会想到山顶上居然留存有遗迹。

在5km²的地段上，建有宫殿、神殿、住宅等170栋建筑，并规划有农田、灌溉设施、排水引水渠等。泉水采用了先从地势高的上层开始，然后以重力自然流向下层的供水方式。可以想象越居住在高处的人就越高贵。

印加人的石砌技术才能受到了高度评价，可以用"石砌魔术师"来形容。随处可见不规则形状的巨大多边形石头结构，"其缝隙连一片剃须刀片都穿不过"。不知为何没有产生拱和穹顶那样的叠涩结构？这也是个谜。

遗址内16个取水处都是精致的石结构。

| fig.1 | **移动巨石，砌筑围墙**

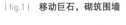

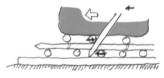

移动石材的杠杆原理

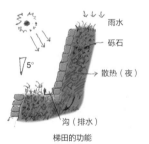

雨水
砾石
散热（夜）
沟（排水）
梯田的功能

苛刻的区位条件（高海拔、地形狭窄、坡面陡峭）和自然条件。在地震、强风、多雨中，构筑独立城市的方法（土木、建筑），譬如梯田。采用石墙（5°的倾角）在加固坡面的同时，用大大小小石头砌筑的台阶式地面可以调节水的渗透速度，在防止水土流失的同时确保排水渠排水通畅。白天吸收的太阳热量到夜间被释放出来，它保护作物不受冻灾。如何设计才能使降落在高地上的大量雨水顺畅排出，可以说日本的国土规划也面临相同的课题。

无预兆的情况下，突然出现了漂亮的白色花岗岩。

展现在宾厄姆眼前的是被树木和青苔覆盖的沉睡着的巨大城市遗址。这个推定人口1000人的城市据说是皇帝的离宫和向太阳（神）祈祷的场所。其建设和灭亡的原因至今仍是个谜，但是建设"空中城市"的创想和技术令人震惊。

梯田：用石墙（倾角5°）加固陡峭的坡面，用大小石块垒起的阶地调整水的渗透速度，防止水土流失的同时又可确保排水通畅。白天吸收的太阳热量到了夜间释放出来，保护作物不受寒冷的侵害。

水渠：在断层泉处筑起水坝，优质丰沛的泉水通过水渠由城市的上游输送到下游。

砌筑石墙：根据自然地形，巧妙地将复杂的多边形石料（花岗岩）密实贴紧以提高抗震性能。石料沉重而巨大，其精密的加工和仅仅依靠人力进行的搬运似乎难以想象。

在苛刻的区位条件（高海拔、地形狭窄、坡面陡峭）和自然条件（地震、强风、多雨）中建造的约5 km²的城市凝聚了古印加人的智慧和天赋。

Year		B.C.	A.C.	1000	1600	1800	1900	2000

04 蘑菇状的生态住宅

Mushroom-like Eco-House

风景如童话般美丽的南意大利阿尔贝罗贝洛街道，现代住宅的范本隐藏在特鲁洛可爱的蘑菇状屋顶下。

一个房间一个屋顶，若干个集合体组成一栋特鲁洛。行走在迷宫般的小径上，街道的景致与自然融为一体，令人忘却时光流逝。"作为持续居住的世界文化遗产"与「合掌造」的白河乡结为友好城市。虽然石、木材料不同，但前人的智慧是相同的。

起源于被喻为意大利"脚踵"的南部普利亚地区的新领地被命名为"森林女神・阿尔贝罗贝洛（拉丁语意为美丽的树）"是15世纪末的事。被称作塞尔瓦的这个移居地，当初居住着200人左右，不久为摆脱那不勒斯王国的威压，成立了新的地方政府。1798年，通过选举诞生了首任市长，该地取名为"阿尔贝罗贝洛"。

坐落于山谷间的阿尔贝罗贝洛镇位于两座山丘之间。北侧山丘上以大教堂为中心，有很多现代建筑；而南侧山丘就像魔幻王国的蘑菇林，坡道蜿蜒向上，掩映于1000个尖帽子之间。所谓特鲁利是意为圆锥形屋顶的特鲁洛的复数形式。据说拉丁语的特鲁拉（意为一个房间一个屋顶）、希腊语的特鲁斯torosu（意为圆顶建筑或小塔）是其语源。

最初的40栋特鲁洛是16世纪中叶建造的，在随后的100年间，大量建造作为多数垦荒而来的农民的住所。为何建造这种不可思议的屋顶结构有诸多说法，其中为逃避高额住房税，在税

Material	石	木	铁	混凝土	玻璃	膜

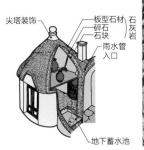

尖塔装饰
板型石材　石灰岩
碎石
石块
雨水管入口
地下蓄水池

左·中：水是人的生命。在这个雨水少的地方，特鲁洛屋顶间汇集的雨水都储存到地下。由于采用三层墙体，室内冬暖夏凉。

右：特鲁洛和阳光少女。小屋顶的顶部有象征宗教的尖塔装饰

覆盖蒙蒂地区山谷的特鲁洛，据说在街道的广场下有共用的地下蓄水池。

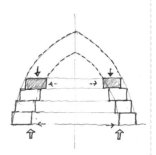

放在手掌上的可爱的特鲁洛玩具

| fig.1 |　**叠涩结构＋环形效果**

圆锥形屋顶的内侧是叠涩结构，也有立体的环形效果，实现了宽敞的穹顶空间。在街区中的宾馆投宿，体验一下其氛围也是十分有趣的。

务官调查时可以轻易地将屋顶拆除，声称"这不是住房"的说法最具说服力。

由人建造、由人保护的结构

　　建造特鲁洛的圆锥形穹顶，首先要砌筑双层石墙，中间并用岩石碎片、碎石和土进行填充加固；然后在房子中心垂直竖起立柱，系上细绳，一边描圆，一边由下而上沿环状将石头逐步向内错位并按顺序垒叠；在所谓叠涩效果的基础上，加上水平方向环向撑力（摩擦力），穹顶就建成了。在尖屋顶的顶部放上沉重的装饰石，再盖上就地取材的防水用石灰石平板，坚固的3层结构、冬暖夏凉的手工建造的生态住宅就完成了。

　　收集"水"的好创意。原本这个地方雨水就很少、又是离湖和河也很远的石灰岩地质，于是那里的人们把特鲁洛屋顶间汇聚的雨水，储存到地下水槽用于生活用水，并在城镇广场的地下建造了公用蓄水池，利用社区的力量保护水源。

Year		B.C.	A.C.	1000	1600	1800	1900	2000

05 | 罗马拱形输水渡槽

A Roman Arch Carrying Water

好的都市始于好的水源。跨越50km的距离，将水源源不断地引来，古罗马人惊人的热情和技术。

跨越加尔河谷是从山间的泉源到尼姆市区的引水渡槽最后的难关。在公元前15年由马库斯·维普萨尼乌斯·阿格里帕组织修建的"加尔渡桥"于1985年被注册为世界文化遗产。

法国南部尼姆东北约20km的加尔（Gardon）河上架设的渡槽是罗马时代最有名的石拱结构供水渡槽。登上三层拱形渡槽最上层的水渠，50m下加尔河两侧普罗旺斯美丽的360°全景一览无余。宽1.2m的渡槽为了防渗覆以罗马水泥。渡槽水量充沛，每天有2万～3万m³的优质泉水源源不断流入尼姆市内的水槽。

罗马人的施工精度即使在现代也令人震惊

罗马人使用大量的水。不仅是饮用水，公共大浴池、街上的喷泉、清扫也需要水。因此在不能保证水充足供应的地方是无法建设新城的。不仅要求水量充足，对水质也有要求。为将泉水从源头引入市内，就需要建设相当长的供水渠，比如当时连接罗马市内的水渠共有10条，在罗马郊外至今还保留着长达72km的克劳狄水渠（公元前25年）。公元前15年在马库斯·维普萨

Material	石	木	铁	混凝土	玻璃	膜

左：由北方源泉流入尼姆的直线距离为20km，沿着等高线走约50km、落差17m将水引来，每公里约34cm的坡度。沿着顶部水渠（1×2m）行走，发现有多处没有盖板，原因是为减少洪水时的压力。

右：尼姆街区入口处、山丘上罗马时代的炮台。引到此处的水在这里控制、分流到城区的各个区域。

| fig.1 | 压力的流线（拱）/石结构拱的坍塌

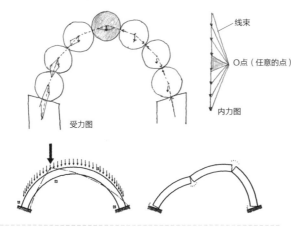

塞尔维亚的渡槽"魔鬼渡槽"

上图：内力图和受力图表示的"压力的流线（拱）"。

下图：石拱以巨大的自重确保对附加荷载的稳定性。例如，承受大的集中荷载时，产生了弯矩，届时4处石块的端头会开裂（形成铰），拱随之倒塌。

展示叠涩拱原理的模型。以石块之间"点"的接触平衡，固定摇摇晃晃的"形"。

尼乌斯·阿格里帕的指挥下开始了尼姆供水设施的建设。

从北方山间的源头泽斯到尼姆的直线距离为20km，随形就势的等高线则蜿蜒长达50km，而高差仅17m，即坡度为每公里34cm。只有具备高超的测量技术和施工精度才有可能实现如此平缓的斜率，罗马人的技术能力的确强悍。水渠终于来到加尔河谷，桥长273m，各拱的跨度从4.8~24.5m不等，中层拱的3列是独立的，没有使用任何复合材料，但相互的结合非常紧密。然而，803年由于日耳曼人的入侵，水道桥被彻底破坏，尼姆全城毁于一旦。也许在中世纪城市居住的人们已不愿意像罗马人那样付出努力了吧，其结果是他们陷入对恶臭与污物的抱怨成为必然。

尼姆人满足于城市的地下泉水，任由水渠荒废并逐渐遗忘。这座桥直到1844年才被法国桥梁专家重新发现。

Year		B.C.	A.C.	1000	1600	1800	1900	2000

06 | 石工军团的梦想和挑战

Dreams and Challenges of the Masonry Army

从罗马经丝绸之路到达冲绳的石拱技术在日本形成的独创性，在通润桥开花结果。

过去秋天收割期一结束，为了清扫引水渠中积存的垃圾，就要清空"渠水"。石桥跨度28m，高出河面20m。吐"水"时桥身震颤、景况无比壮观，石和水彩虹般拱交织成瞬间的"艺术"。

　　人类建造的建筑物有时在与自然的融合中创造出新的美丽风景。阿苏山脉黛色朦胧的群山，连绵起伏的绿色山丘和开放式田园的黄色麦浪在山坡上交织，并一直蔓延到山谷的底部。夕阳笼罩山谷，勾勒出石拱桥身的巨大弧线。阳光无法到达的谷底水面如镜子般清晰倒映出美丽的"彩虹桥"。

　　突然寂静被打破，拱顶中央向高空倾泻出水柱，水势汹涌，感到桥身在不断震颤。夕阳照射下的水雾中，形成了第三个虹——真正的彩虹，位居九州石桥文化巅峰的"通润桥"在这一瞬间展现出它的巍丽真容。

　　这个地区是阿苏山熔岩形成的高原台地。由于侵蚀作用形成了深谷河川，部落间的往来十分困难，特别是白系台地的八之村，三面环河，是孤岛状的丘陵地带，尽管周遭环绕着茂密的森林和丰富的水源，农田却十分贫瘠。

Material	石	木	铁	混凝土	玻璃	膜

| fig.1 | **九州的石桥　拱技术的谱系**

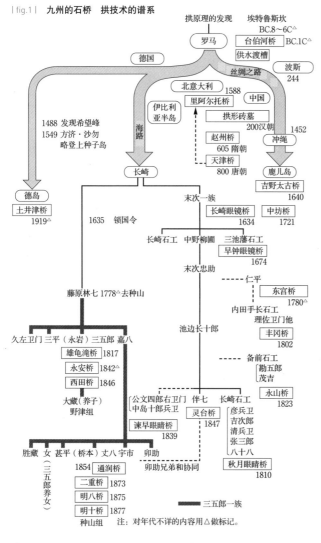

拱原理的发现　埃特鲁斯坎
BC.8～6C△

罗马

台伯河桥　BC.1C△

供水渡槽

德国

波斯
244

丝绸之路

北意大利　1588
里阿尔托桥

伊比利亚半岛　中国

拱形砖墓
200汉朝

1452

赵州桥
605 隋朝

冲绳

天津桥
800 唐朝

海路

1488 发现希望峰
1549 方济·沙勿略登上种子岛

长崎

鹿儿岛

吉野太古桥
1640

德岛

土井津桥
1919△

1635　锁国令

末次一族

长崎眼镜桥
1634

中坊桥
1721

长崎石工　中野柳圃　三池藩石工

早钟眼镜桥
1674

末次忠助

仁平

东宫桥
1780△

内田手长石工
理佐卫门他

丰冈桥
1802

藤原林七 1778△去种山

池边长十郎

备前石工
勘五郎
茂吉

永山桥
1823

久左卫门 三平（永岩）三五郎 嘉八

雄龟滝桥 1817

永安桥 1842△

西田桥 1846

大藏（养子）
野津组

公文四郎右卫门
中岛十郎兵卫

伴七

长崎石工

灵台桥
1847

彦兵卫
吉次郎
清兵卫
张三郎
八十八

谏早眼睛桥
1839

胜藏　女　甚平（桥本）丈八 宇市　卯助

（三五郎养女）

卯助兄弟和协同

秋月眼睛桥
1810

1854　通润桥

二重桥 1873

明八桥 1875

明十桥 1877

种山组

■——三五郎一族

注：对年代不详的内容用△做标记。

据说从罗马到波斯、经由丝绸之路传到中国的拱技术，再渡海传到冲绳是1452年。这比长崎眼镜桥的架设要早约180年。1735年（文永元）锁国令发出后，拱技术作为末次一族的秘传发展。在阿苏山麓培育起来的所谓"石工军团"构成了活跃的谱系。

路面上设置的3条引水管。利用了倒虹吸原理，巨大的水压要求石材管道具有良好的水密性。从这里也可以看到日本工匠智慧的独辟蹊径。

熊本城的鞘石垣采用了拱与应对垂直方向地震力的"踏张"造型。创造出与罗马渡槽完全不同的日本独特的造型美。

从高台俯视通润桥和轰川，该桥1960年（昭和35年）被指定为国家级文物。

日本独特的构筑方法和造型美

矢部村的总村长保之助是少见的实业家。他多年的凤愿是跨过深达30m的轰川，将水引入不毛的台地，受木匠"水准仪"的启发，1851年他的脑海里产生出"倒虹吸桥"（水头落差1.7m）的创想（嘉永四年）。

受保之助委托，通润桥以种山组3兄弟为中心开始建设，并进行了锁石（利用铁榫将鱼尾榫连接石连成一体）的研究和实验。经过6000人历经1年8个月的建设，该桥于1854年（安政元）竣工，白系台地开垦出100公顷的稻田。以前旧历的8月1日，都会利用农田灌溉的空暇，取下石管侧面的木塞，通过"放水"，将堵塞管道的小石子和垃圾排出。

拱桥两侧的高石垣的支撑方法也是绝无仅有的。与熊本城的鞘石垣相似，从拱桥侧面顺延而下的石垣在水面附近加宽，以抵御来自拱桥面外方向的地震力。这在罗马的渡槽是绝对看不到的，的确是日本别具一格的构筑方法，其独特的造型美堪称鬼斧神工。

07 | 重量递减的结构秘密

The Structural Secrets of Gradation of the Weight of Materials

光线透过天眼圆窗照射进来，万神殿奇迹般的穹顶建筑。混凝土重量渐变的智慧，创造出永恒的憧憬。

左：从直径约9m的天眼圆窗射入的圆形光束，每时每刻都在穹顶内移动，时间、气候、季节的讯息在穹顶空间渐次上映，而且，下小雨时雨点几乎不会落到地板上。右：罗马时代的神殿内景。人们被如此巨大的空间所震撼，感慨之声不绝于耳。

在罗马城市中心附近，穿过街中小小的罗通多广场，万神殿突现眼前。从古希腊建筑风格的正面看不到穹顶的存在。"Pam"是全部的意思，"theon"是神的意思，据说米开朗琪罗赞叹"万神殿"为"天使的设计"。

科林斯柱式花岗岩圆柱排列的门廊是建造于公元前25年的神殿的一部分。公元128年，哈德良皇帝进行了重建。列柱上刻着奥古斯都的心腹阿古利巴的名字。

5阶28列格面形成的穹顶内侧是标准的半球面，天井高度与直径（43m）相同，整个建筑物用"球形"来象征宇宙。球壳是用兼作模板的石材砌块和混凝土现浇成整体结构，同时形成穹顶内侧的格状装饰，顶部附近则转换成等厚（14cm）的无肋穹顶。

由于木材比较珍贵，脚手架不是从地面开始，而是利用了预先完成的圆筒型墙体上部的突起部分。还有一种有趣的传说，为了迅速清除用作模板的大量土方，监督官告诉市民"土中埋有金币，挖出归己"。

Material	石	木	铁	混凝土	玻璃	膜

穿过罗马市中心附近的小广场，万神殿突现眼前。从外观上看不到穹顶。古希腊风格的列柱上刻有"M·阿古利巴"的名字。

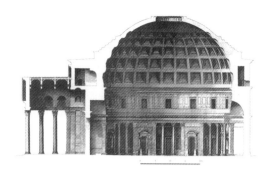

万神殿的剖面，将直径43.2m的球顶精确收进。由剖面可见越往上部混凝土厚度越薄。

罗马帝政最大版图。支撑近400年罗马帝国统治下和平的原因被认为是对统治领地的宽宏大量和基础设施的建设。道路网、自来水、城市公共设施等持续至今的技术，其力量是巨大的。

代表古代砌筑结构的大穹顶群。左起为罗马万神殿（120年左右、43m）、伊斯坦布尔圣索菲亚大教堂（530年、31m）、佛罗伦萨圣母百花圣殿（百花大教堂，1446年、42m）。各自对应的主题是技术方面的革新性、建筑空间的雄伟度、城市的象征性吧。

被暗杀的凯撒大帝（左）指定的继任者是青年乌斯·屋大维·图里努斯（奥古斯都，中），他的得力助手、同岁的阿古利巴（右）是军事上也很出色的工程师。
在罗马名胜"特莱维喷泉"上高高地悬挂着被公认为对罗马供水建设作出巨大贡献的阿古利巴的雕像。

穹顶的发展和浴场有关？

　　公共浴场的普及对穹顶的发展起到了很大的推动作用。为保持大型浴场的浴室室温，在初期圆锥穹隆的基础上，开始尝试采用球形穹顶。市内卡拉卡拉皇帝大浴场的热浴室的穹顶超过了万神殿，据说外径为53m，但已不复存在。

　　罗马万神殿对那个时代的人来说，确实是个奇迹般的"穹顶"。使其成为可能的是穹顶的轻量化。即下部的混凝土中掺入了碎砖，中间部位掺入了较为轻质的凝灰岩，顶部掺入了更为轻质的浮石（包括空罐子）。

　　这座单纯的宏伟建筑凝聚了古罗马建筑技术的精华。古罗马时代以后，西欧文化圈的所有穹顶，在向该伟大先驱性穹顶表达敬意的同时，不断憧憬、持续挑战。

Year		B.C.	A.C.	1000	1600	1800	1900	2000

08 超越宗教备受喜爱的大空间

Big Space Loved beyond Religion

100名现场监督和1万名工匠，仅用5年零10个月完成的"空前绝后的新教堂"圣索菲亚大教堂。

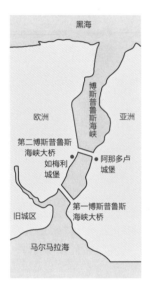

连接黑海和马尔马拉海，同时连接着亚洲和欧洲的博斯普鲁斯海峡。

圣索菲亚大教堂内景。从下方向上仰望穹顶，其形状因经历多次震灾和修复而令人痛心的歪斜着。约公元500年，附建宣礼塔的大教堂成为伊斯兰教的清真寺。1923年在凯末尔·阿塔土克领导下，土耳其共和国诞生了，1930年博物馆墙上的石灰面层被铲除，显露出无数精美绝伦的圣像（崇拜绘画），令人神往拜占庭帝国的千年荣华。征服者们不是破坏而是一边反复"修复"，一边持续地保护该建筑，这应该说是一个奇迹吧。

一个城市的陷落导致一个国家的灭亡，这在历史上屡见不鲜。

但是，一个城市的陷落导致一个在数百年岁月中持续对周边世界产生影响的文明终结的例子却很少。公元330年5月11日到1453年5月29日，是君士坦丁堡作为东罗马帝国或拜占庭帝国首都长达1123年的确切起止时间。

具有高度和跨度的穹顶

无论怎么说，拜占庭建筑的最杰出作品是哈吉亚·索菲亚大教堂（或称圣索菲亚大教堂）。所谓阿雅·索菲亚是希腊语"神圣睿智=哈吉亚·索菲亚"的土耳其语读音。

大教堂建设的契机是公元532年的暴动——尼克的叛乱。一度准备逃亡的查士丁尼皇帝被后妃狄奥多拉劝阻后，幡然醒悟对暴徒进行了镇压。恢复自信的皇帝立刻期望重建教堂，接到建设"空前绝后的新教堂"命令的是建筑师伊西多尔和安提莫斯。

Material		石	木	铁	混凝土	玻璃	膜

所谓哈吉亚·索菲亚在希腊语中意为"神圣睿智",在土耳其语中读为阿雅·索菲亚。在伊斯兰教中宣礼塔(尖头)体现了其地位的高低,艾哈迈德清真寺是最高等级的6个塔。大教堂墙的颜色偶尔会变?!

越过金角湾,与哈吉亚·索菲亚并列的是苏莱曼清真寺(1557年)和艾哈迈德清真寺(1616年)的雄伟剪影。

| fig.1 | **哈吉亚·索菲亚大教堂的结构**

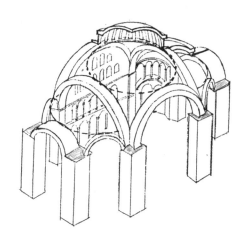

对穹顶结构来说,侧向压力(水平推力)的应对是"关键"。在纵向上,传达到双侧的半球穹顶的侧向压力是通过外侧的穹隅传递到支柱;在横向上,则是利用宽幅边拱的面内抗弯刚度,将侧向压力传递到巨大的支墩(撑柱)上。

如梅利城堡的塔楼。可以看见其后方的第二博斯普鲁斯海峡大桥。1451年,奥斯曼帝国19岁的年轻苏丹即位,决心立刻攻占拜占庭帝国,并在君士坦丁堡以北筑起了该城堡。

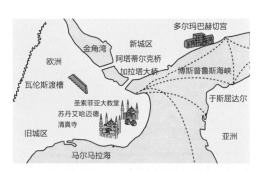

穆罕默德二世得到了"西欧将不会救助拜占庭帝国"这一间谍情报,为攻克被严密封锁的金角湾,谋划了近乎天方夜谭的方案,在博斯普鲁斯海峡背后加拉塔的山丘上铺设轨道,让土耳其舰队越过山岭。

  以木制屋架为前提的巴西利卡建筑形式,如何实现具有"高度和跨度"的大空间穹顶?这是一项全新的技术。在出色的数学家们的指导下,通过100名现场监督和1万名工匠的努力,开工后仅用了5年零10个月,公元537年,大教堂奇迹般地建成了。

  未采用罗马混凝土,以料石和砖瓦砌筑的穹顶直径达31m,略小于万神殿。但是穹顶的空间高度达56m,利用穹隅和4个拱形成了具有十足开放感的空间。从圆形穹顶向方形空间的巧妙转换,是经过深思熟虑的独创设计构思。其最大特点是从周边的40个窗户射入的光,给穹顶球面带来了非物质上的空前绝后感。用当时人们的话来说:"感觉穹顶不是支撑在坚固的墙体上,而是用金链悬吊在空中,覆盖着整个大厅"。

  可是,具有华丽外表的结构经受了令人难以置信的严峻考验。经历了公元558年、10世纪、14世纪的地震,穹顶多次坍塌。每次坍塌后,都对穹顶进行了重建或修复。从下方仰望穹顶,平面形状很难说是正圆形,其歪斜的样子令人痛惜。

Year		B.C.	A.C.	1000	1600	1800	1900	2000

09 诞生于文艺复兴时期的美丽穹顶

The Magnificent Dome Born in the Renaissance

圣玛利亚・德尔・弗洛雷（又称圣母百花大教堂）是古都佛罗伦萨的代名词，从布鲁内莱斯基的革新技术开始，文艺复兴呱呱坠地的啼声响彻四方。

从米开朗琪罗山丘眺望佛罗伦萨的街景和大教堂。左边高85m的乔托钟楼是画家、建筑师乔托的作品。

文艺复兴（Renaissance）在法语中意为"重生"。"The Renaissance"特指文艺复兴，是从14世纪开始、15～16世纪从意大利向西欧扩展的、寻求重振古典文化的运动。高调宣告文艺复兴揭幕的建筑是圣玛利亚・德尔・弗洛雷大教堂。

站在米开朗琪罗山丘上，可以充分领会大教堂作为古都佛罗伦萨的象征是多么恰如其分。传统红、白、绿颜色的大理石和高度超过100m的壮丽大穹顶。虽然穹顶的直径为42m，与罗马万神殿规模相同，但却有着无与伦比的华丽外表。受罗马教皇委托建设梵蒂冈圣伯多禄大教堂穹顶的米开朗琪罗说"就我而言，圣玛利亚・德尔・弗洛雷大教堂是难以企及的高度"。

竞标决定建设方法

大教堂的建设从1296年开始，期间多次中断，菲利浦・布鲁内莱斯基1420年登场时，被称为筒体的八角形筒状下部结构已经完成，穹顶的外形也大体确定（1367年），但问题是具体采

Material	石	木	铁	混凝土	玻璃	膜

红、白、绿大理石应用几何学原理装饰的外墙，令人联想起东京都厅办公大楼的外立面，廊身东西长153m，殿内可容纳3万人。

| fig.1 |　**穹顶的结构**

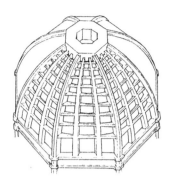

八角形尖顶穹顶的主要特征列举如下：① 外侧穹顶应对恶劣气候，内侧穹顶营造庄严的内部空间；② 施工方法简易，无需从地面搭设脚手架和砌筑模板；③ 八角形隔部设置主肋并于顶部固定，实现结构稳定；④ 为减轻整体重量，采用了双层壳体，其间隙用于作业空间和通路；⑤ 运用人字形砌筑法，以提高砖结构的整体性；⑥ 在内壳中设置水平方向的平面拱（压力环），施工过程中可自成体系；⑦ 在穹顶下部设置木质张拉环梁（30m×30m），以吸收水平推力。

人字形砌筑法的砖结构。内外壳之间的通道空间，底部为1.1m，顶部为1.8m，再往上走一点就是灯室。

水平构件和木制环梁的结合部。

屹立在街角的大卫像（米开朗琪罗，1504）。原作在佛罗伦萨学院美术馆。

用什么结构方案和施工方法尚无定论。最后一筹莫展的建设委员会决定邀请著名建筑师进行穹顶竞标。

　　基于对万神殿等罗马时代建筑穹顶结构方法的彻底研究，菲利浦设计的出发点是古代的形态经过慎重的复兴为近代服务。他认为原有的筒体很薄，要支撑巨大的侧向推力是不现实的。轻质、自成体系、易于施工的巨大穹顶应该是什么样的呢？经过反复思考，得出的最终方案是革新性的：采用高尖顶形、薄外壳与厚内壳以及肋相连接，通过叠涩式施工法，取消临时脚手架。重量约2500吨、地上高度55～120m，倾注了全部生活并经过16年的艰苦奋斗后，穹顶终于于1436年完成。从此，布鲁内莱斯基的声名鹊起，响彻了意大利国土。

　　1446年，布鲁内莱斯基亲手将竞标获胜的"灯室"（穹顶顶部的小塔）放到穹顶脚下，同年不幸离世，享年69岁。

Year		B.C.	A.C.	1000	1600	1800	1900	2000

10 | 为什么哥特式建筑是革新性的

Why Gothic Cathedrals are Innovative?

飞扶壁使侧向压力飞翔、无数尖塔赋予其垂直力，轻盈的力的流动、改变了石造建筑。

从1150年左右到1300年期间，法国兴起了教堂建设热，在巴黎周边160km内，兴建了25座大教堂。巴黎圣母院的建设从1163年开始，是先驱性教堂之一。

罗马式大教堂空间厚重而昏暗，在那里，中世纪虔诚的人们以战栗敬畏的心情，等待和乞求神灵。与之相反，哥特式大教堂以人世之间的光芒解脱自我，使之对更神秘的空间怀抱憧憬。来自高处彩色玻璃的光线和色彩明亮欢快、扑朔迷离。从细柱间透过的光影变幻莫测、令人心生敬畏，可以说正是哥特式教堂的存在，沉重的石料才在与重力的博弈中取得了胜利，实现了神秘性和透明感并存的奇迹。

哥特式建筑的技术创新

拱顶是拱的连续形式。当然，处理好拱脚的侧向推力是前提，因此一般来说这里需要厚重的墙壁，透"光"的墙很难实现。哥特式建筑通过几项技术创新解决了矛盾，解决的关键是什么呢？

首先，拱顶自身的断面形状从半圆拱改为由2个圆弧构成的尖塔拱（pointed arch）。跨度和高度都变得自由，侧向推力也减少了。

Material	石	木	铁	混凝土	玻璃	膜

未完成的大教堂——博韦

来到巴黎以北80km的这座城市访问，成排低矮民房中的教堂壮观威严。垂直的石材线条高高耸立，飞扶壁（flying buttress）在高处翩翩起舞。令人惊讶的是据说最初的高度是现存建筑的2倍，有150m高的尖塔。

1596年完成的塔，4年后在没有任何征兆的情况下瞬间坍塌了。倒塌的塔再也没有建造起来。由于资金和热情的消失，这座"未完成的大教堂"标志着"一个时代"落下帷幕。

让大教堂断面内流动的压力倒转，以钢丝拉线表现的结构模型。可以看到"传递的力"通过主体结构的重量来改变其前进的方向，并通过主体结构内部的情形。

| fig.1 |　　**中间三等分原理**

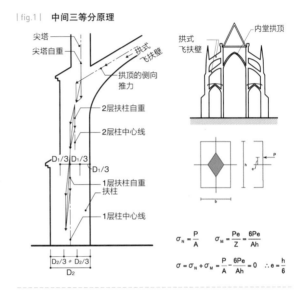

$$\sigma_N = \frac{P}{A} \qquad \sigma_M = \frac{Pe}{Z} = \frac{6Pe}{Ah}$$

$$\sigma = \sigma_N + \sigma_M = \frac{P}{A} - \frac{6Pe}{Ah} = 0 \quad \therefore e = \frac{h}{6}$$

内堂拱顶的侧向推力（水平推力），越过彩色玻璃的墙面，通过飞扶壁的轴向力向外周传导，随着尖塔塔体向下不断加大，该重量使得侧向推力改变方向朝下，其结果是将轴向压力导向墙体内侧。"中间三等分原理"是可以通过向柱础传递的偏心荷载P的地基反力和稳定性的关系得以理解。只要P在断面1/3以内作用，柱脚就不会开裂。

　　其次，是肋在交叉拱顶中的作用。当然，比起力学上的贡献，诱导轻质即视感的作用更为突出，施工上的优点也很多。

　　第三，是飞扶壁。中厅拱顶天花所产生的侧向推力正像文字所表达的那样在高空中"飞翔"，传递到侧廊外侧的扶壁，使外墙从侧向推力的重压中解脱出来，整个墙面可以满布高大的彩色玻璃窗，确保室内的采光。

　　第四，是竖立在外缘上的小尖塔（pinnacle）。侧向推力向外的矢量方向通过小尖塔（雕刻也包含在内）的重量，转为向下，使石砌扶壁不产生拉力。力的矢量传导路径（力的流线）在飞扶壁的任何位置都可以从"断面中心部位1/3"中通过。"中间三等分原理"是石砌结构中重要的关键字。

　　石砌结构如此绝妙、精致而大胆的结构体系构思是如何产生的呢？"材料、造型与结构艺术"相融合。据说这种样式是北方蛮族哥特人仿照高高耸立的树木而创建的，所以被文艺复兴时期的文人们命名为哥特式。

Year		B.C.	A.C.	1000	1600	1800	1900	2000

11 | 天文学家建造的地标性建筑

City Landmark Constructed by the Astronomer

承担圣保罗大教堂重建工作的年轻科学家，应用几何学知识和持续35年的热情，建成的大教堂成为伦敦的象征，至今依然生机勃勃。

左：从泰特现代艺术馆延伸至圣保罗大教堂的千禧桥，清晨回荡着伦敦市民上班的匆匆脚步声。右上：圣殿内景。
右下：大教堂俯瞰。外墙正面隐藏着哥特式飞扶壁，可以强烈地感受到克里斯多佛·雷恩对古典建筑的憧憬。

　　人们行走在清晨的千禧桥。如"Blade of Light"般的桥曾经摇摇晃晃，随即桥被封闭，并应用多项先进技术进行改造，两年后才重新开放。从泰特现代艺术馆笔直延伸的轴线上，上下班的伦敦市民们快步疾行，难以想象曾经发生过这样的事件。千禧桥前方是威严耸立的圣保罗大教堂。

　　献给圣保罗的旧圣保罗大教堂，曾作为伦敦的象征，为市民所热爱，然而却在1666年的伦敦大火中遭到了毁灭性的破坏。

35岁的青年科学家

　　重建计划随即启动，35岁的青年克里斯多佛·雷恩（1632～1723）作为先驱科学家被遴选为该工程的负责人。当时没有专业的建筑师，建筑学被认为是数学（几何学）的一个领域。雷恩原先是天文学家和物理学家，同时也是外行建筑师，曾参与过给伦敦天际线带来独特美感

| Material | | 石 | 木 | 铁 | 混凝土 | 玻璃 | 膜 |

轻型"三重穹顶"的挑战

工程一开始，雷恩就策划了相应的战略，为了实现自己描绘的设计方案，不被王立委员会所察觉，他采取的不是传统的分期、分阶段建设的方法，而是全面同时建造大教堂的大胆的建设方案，这样，在项目建设中议会也无法要求停建。

雷恩最倾注心血的设计是十字交叉部上面的古典式穹顶的设计。他设定从地面到尖塔的十字架顶端的高度约111m，为支撑重量85吨的灯室，防止地面沉降，要尽可能减轻穹顶的重量。从科学观点考虑的"三重穹顶"是突破该难题的一项创新的结构方式。内壳（砖结构）、外壳（木屋架＋铅扳），同为半球，而砖结构的内壳是个高圆锥形，直接支撑着那个顶端灯室。外壳和中墙由木屋架进行组合加强。

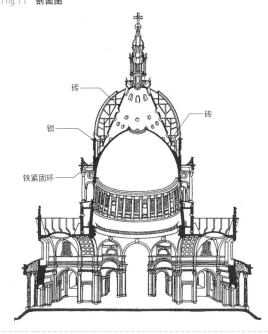

| fig.1 | **剖面图**

砖

砖

锁

铁紧固环

大教堂的剖面图。可以理解三重穹顶的功能和智慧。

从中央穹顶的正下方仰望天井，从内壳顶部天窗射入的自然光中浮现出中壳的顶部。

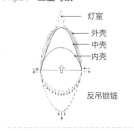

| fig.2 | **三重穹顶**

灯室
外壳
中壳
内壳

反吊锁链

最大的难题是如何支撑过大的灯室的重量，据说在亲友罗伯特・胡克的建议下，采用悬链的"反吊形态"。

的许多尖塔的设计，与作为复兴计划委员并被任命为测量工程师的罗伯特・胡克（1635～1703年）关系十分亲密，这一点在以后的项目推进中发挥了巨大的作用。

雷恩讨厌以往的哥特式，这是因为古希腊和古罗马的古典建筑都追求几何学的对称美。尽管得到当时的国王查理二世的支持，由神职人员构成的王立委员会仍然驳回了天主教风格的最初设计方案。雷恩心有不甘，将哥特建筑和古典建筑相融合，将十字拉长，对设计进行了修改。火灾发生9年后的1675年，第3个方案的建筑许可终获批准。

1710年，经历了35个春秋，大教堂终于落成。同一时期，在胡克的努力下，历史上最伟大的知识产权成果之一诞生了：与雷恩一起充分讨论的"胡克定律"论文于1679年发表了。可是不知何故，直到120年后的19世纪，根据静力学计算结构强度的方法才得以实现。雷恩在某种程度上对几何学的应用、敏锐的直觉和持续的热情将这个世纪性标志留在了伦敦。

Year	B.C.	A.C.	1000	1600	1800	1900	2000

12 | 控制摇晃的心柱之谜
Mystery of Earthquake absorbing Column

耸立在地震大国的木结构塔"三重塔·五重塔"为什么能屹立不倒呢？其秘密看似是"大黑柱"，答案完全不同，其实是"心柱"在掌控全局。

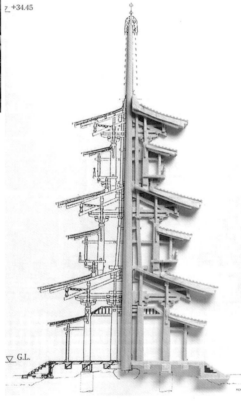

右：塔会因风吹而摇摆，因地震而晃动，加上层叠的斗栱木材自身的干燥收缩，塔整体会发生沉降。据西冈常一栋梁推定200多年后塔整体会沉降约30cm，这样将与东塔的高度一致（©堀田贞雄）

左上：心柱和柱础石之间插入木楔。当第三重屋顶盖好后，将其拔出，心柱与塔顶相轮部和外壳相分离，形成独立状态。

左下：直到西塔重建之前，在承载心柱的柱础石中央形成"水镜"，映现出东塔水烟的倒影，对修学旅行的学生来说，这是必看的景点（上面是东塔远景的草图）。

东西两侧，一侧塔古色苍然，另一侧塔色彩鲜明。步出药师寺，凝神回望，双塔和谐之美格外悦目，超越时间长河的神秘木结构技术传承着工匠们的智慧和气概。

通向现代的天平结构

心柱采用了4根树龄1500年、最长一根高达10m的台湾丝柏，并通过贝口榫结合成整体。1978年7月，最初的柱子被竖立起来。第一根心柱落于根继石（花岗岩）上，心柱与根继石间插入8根6cm厚木楔，这些木楔在三重屋顶完成后才会被抽出，木楔被拔出后，心柱与上面的相轮之间是完全脱离的。间隙中通过铜的热度保护木材，并使整个塔内形成空气的流动。从结构上看，心柱在三重屋顶上方露盘处第一次与塔主体相连。

对柔性结构或制震结构地震时工作机理的解析，即使在电脑时代的今天，也是十分有趣的

东京晴空塔，2012

2008年开工、2012年春开业的晴空塔高634m，作为自立式电波塔，名列世界第一。晴空塔整体结构由笼状钢管外围桁架组成的"外塔"与相当于中心核（楼梯间）的RC"内塔"组成，下部利用高50m的三脚组

"鼎"型桁架提供开放的建筑空间。

从用地条件及外表造型等来看，其平面形状是从下部的正三角形向顶部的圆形的渐次变化。设计要点是控制因大地震及暴风产生的摇晃，实现"心柱制震"。一般认为这个制震柱系统的构思来自法隆寺五重塔，与RC结构

的心柱（直径8m）及高度125m的外壳结构相分离，芯柱上部的重量作为"质量荷载机构"进行利用，高度125m~375m的部分作为可动区域，振荡滞后于主塔。并在此区域设置了液压阻尼器，在防止心柱与外壳碰撞的同时为塔整体发挥阻尼性能。

芯柱制震概要图

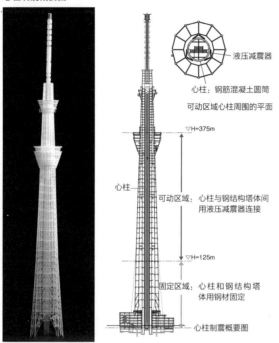

液压减震器

心柱：钢筋混凝土圆筒
可动区域心柱周围的平面

▽H=375m

心柱

可动区域：心柱与钢结构塔体间用液压减震器连接

▽H=125m

固定区域：心柱和钢结构塔体用钢材固定

心柱制震概要图

左：结构模型。右：剖面图 高度125m~375m的部分作为可动区域比主塔滞后振荡，并在此区域设置了液压减震器，在控制心柱与外壳相碰撞的同时，为塔整体发挥阻尼性能。其结构可在大地震时降低高达40%左右的剪切应力。

宽10m~3.8m，高度48m，高宽比很大，地震时存在拔起可能的爱马仕大楼（2001）的建筑采用了"梯度式柱系统"。对于一定程度以上的地震力，柱子将会浮起，建筑物的固有周期和衰减发生变化，以此减轻地震破坏力。这种自律性制震结构不借助传感器和电脑，似乎与传统的木构架思路不谋而合。

研究课题，一直备受关注。

日本最初的佛塔建于公元593年，据说是飞鸟寺的五重塔。东大寺曾经有两座高度100m的七重塔，但现在已不复存在。总之，日本木塔的第一特征是"心柱"，为了供奉佛祖释迦牟尼的舍利，在其上方立标志性木柱。在精神上认为"心柱是塔的全部"，为了使其免遭风雨侵袭，心柱外用三重或五重的屋顶将其围合。

木塔的第二大特征是出檐深远。一般塔身从第一重屋面开始越往上出檐越小。西塔上层的柱子比下层依次向内缩进1m左右，跨度分别约为7m、5m、3m。支撑巨大屋顶荷载的檩条，相对于柱中心向外侧的翻转靠上层柱的重量来平衡，力学上被称为"天平效应"，是简单的层叠静定结构。

然而最上层的屋顶没有来自上方的重压，其向外侧的翻转是通过立体的上下水平环，即"钵卷效应"来抵抗。美国美术家佛诺罗萨将药师寺双塔屋顶和外檐大小的节奏感，称之为"凝固的音乐"。

Year		B.C.	A.C.	1000	1600	1800	1900	2000

13 | 木制框架结构

Rigid Frames Made of Wood

熟知木材弱点的工匠用智慧建设了海中的巨大鸟居。以立体框架结构和增加自重的方法，使其在地震和激浪中巍然屹立。

据说严岛神社大鸟居创建于镰仓时代以后，现在的建筑是1875年（明治8年）重建的第8代。正殿因台风屡遭破坏，历经多次修复。潮水退去，可以走近大鸟居；大樟木柱4个人手拉手才能勉强合抱，天然巨木的风采和优雅令人深感敬畏。

　　日本三景之一、安艺宫岛上闻名天下的严岛神社。该岛周长31km，自古以来是人们信仰的圣域。据称严岛神社创建于推古天皇时代，在平安时代末期，时任安艺守（相当于四品官——译者注）的平清盛在海上建造了现在样式的建筑群，此后的1571年，毛利元对现在的神社正殿进行了改建。

　　神社在过去屡遭台风和海潮的侵袭，不可思议的是正殿始终未曾遭到破坏。避开台风风道路径，在神社周围设置巨大的竹筏状回廊作为吸收波浪能量的防波堤。不与自然外力强抗而是巧妙规避的设计思想，在当今时代的防灾规划中也是足以借鉴的。

　　180米远处海面上漆成艳丽朱红色的16米高大鸟居，退潮时可以走到跟前。巨大的天然樟木柱是其精华，木柱的巨大令人震惊，使人顿生温情，情不自禁想要伸手触摸。

　　严岛大鸟居是具有4根撑柱（添柱）的四脚鸟居形式，主柱使用的是完整的整根樟木（周长9.9m）。

Material	石	木	铁	混凝土	玻璃	膜

Close up

框架结构形式的传统木结构

在日本传统的木结构中，从镰仓时代开始有意识地采用框架结构，这一点得益于在宗时代与大佛等中国大陆建筑技术一起引入的贯结构技术。所谓贯结构就是梁贯通柱体内，在节点部打入楔子形成整体，通过运用刚性连

接，抵御来自地震和台风的侧向力，保持建筑结构稳定。初期的代表案例有东大寺的南大门（1199年）、清水寺本堂（1633年）的悬崖结构等，其中贯结构被大规模采用，展开了戏剧性的结构表达。

1933年来日本的布鲁诺·陶特为桂离宫所感

动，著述了《日本美的再发现》一书，也因此发现了与西欧逐渐兴起的近代建筑相同的梁柱空间结构原理。远古形成的与自然共生的木建筑空间以及使之成为现实的木构架技术充满了魅力。

| fig.1 | 对水平力的稳定性（M图）

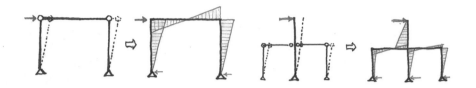

地震力、风和海潮会来自任何方向，本来不稳定的木构架，通过贯通梁、楔子以及添柱形成牢固的框架（刚性连接）结构，加强了稳定性。为应对雨水的侵蚀，在关键部位采用小的板屋顶进行遮蔽。这也是对木材了如指掌的栋梁工匠的智慧。

西田伊三郎亲手建造的飞騨·高山的吉岛家展现的动态中庭空间（1908年）。日式屋架结构为中柱里贯通横梁，中间托梁、短柱、次梁等像攀登架一样地被组合起来。1966年成为国家重要文物。

在京都东山的陡坡上建造的清水寺舞台被称作"悬崖结构"。雄姿巍峨的大屋顶仿若漂浮在天空中。六层框架东西8跨、南北6跨，139根柱子纵横贯通，仅用楔子进行刚性节点连接。

　　在这里可以看到三个结构特征：第一，打下松木桩，改良地基。为避免海水和船蛆的侵蚀，并采用墩接柱根形式进行改建；第二，选择质地沉重的树种及向鸟居的箱形横梁中填塞石块以抵抗浮力；第三，形成立体的框架结构，关键部位并设置遮雨的小板屋顶，这也体现了工匠们规避"木材"弱点的智慧。

寺院神社建筑是什么结构？

　　有着粗犷构架的寺院神社建筑与纤细构架的数寄屋建筑的共性是都有框架结构的形式。从结构角度对自古以来的寺院神社建筑（传统的梁柱构法）进行定义的话，应该是"半刚性框架结构"。可是现实中这个定义和抗震设计没有联动，一般来讲现代的寺院神社建筑基本上采用承重墙结构进行抗震设计，这也是战后恢复重建木结构建筑的抗震设计潮流，要突破它，需要设计师的努力。考虑嵌入"格子窗"和提高壁倍率的"落木板墙"（古建筑的板障）的挑战性创意也值得期待。

Year		B.C.	A.C.	1000	1600	1800	1900	2000

14 | 重建的木结构建筑

A Rebuilt Timber Building

日本最古老的农村舞台观众席，在其紧凑的结构中，体现出综合且可持续的建筑思想。

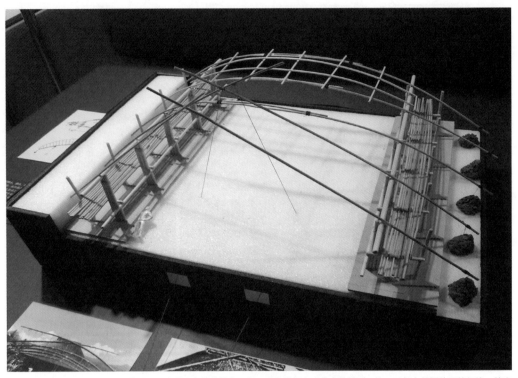

建筑工程设计AND展（2008年）的展品，由学生们制作的上三原田歌舞伎舞台观众席的模型。拉一下舞台前面外露的红线，笔直的"桔木"形成弯拱。这个"预弯曲"（Pre-bending）结构原理的演示模型很受青睐。

发源于上信越国境的吾妻川和奥利根川，从山上奔流而下，汇合成"坂东太郎"（利根川）流向关东平原。在合流点涩川市的尽头，继续向谷川岳前行，跨越利根川后，道路立刻变成赤城西麓的缓坡。在面向赤城村（原名上三原田）林道的高石垣上，竖立着"重要民族资料·上三原田歌舞伎舞台"的石碑，刻着"永井长次郎"的精美石碑并排而立。石碑后就是名列日本第一的最古老农村舞台大草屋顶平实的身影。

据推测，全国保留下来的江户中期以后建造的农村舞台约为700~1000栋，县内保留下来的约占10%，其中有着旋转式回转舞台、照明笼灯、远景装置等特殊装备的上三原田舞台是代表案例。传说舞台始建于1819年，由木工栋梁永井长次郎亲手建造。

与自然融合的功能和结构

与舞台机构相并列，可以看到观众席的构造也有两大特征：一个特征是观众席的地形；另

Material	石	木	铁	混凝土	玻璃	膜

观众席的施工步骤和手法。左：从附近山林采伐来的合适粗细的圆木悬臂出挑。强行将两侧悬挑圆木前端下压，将其牢固连接成整体，形成拱。中：悬挑圆木尾部用道路上放置的沙袋压住，防止尾端上弹。右：演出中的观众席场景。黄昏时，背对着太阳的观众尽情欣赏着缓坡下舞台上传统农村歌舞伎表演。

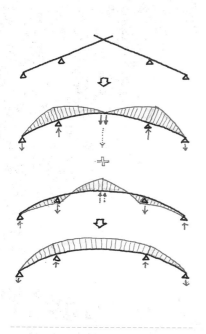

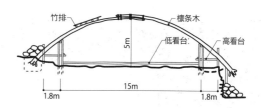

结构剖面图。观众席前方的立柱在结构上得到了有效的利用。

弯矩图与反力的演变。利用预弯曲形成的拱的受力机理，可以了解弯矩与反力的变化过程。

"复兴的方舟——竹会所"（2011）。气仙沼受3·11大地震灾害，当地居民和陶器浩一研究室的学生们尝试灾区复兴中心的自主建设项目。

一个特征是覆盖观众席的屋顶结构。

场地位于赤城山西侧，地形向西倾斜，不知何故，作为观众席地面的农田却是面向东侧朝着舞台向下倾斜。黄昏时分，背对太阳身在昏暗屋顶深处的观众可以轻松地看到明亮的舞台。覆盖观众席的宽大屋顶，更加增强了舞台的照明效果，音响效果亦能直达观众席后部。功能、结构和造型极其自然的融合使人由衷敬佩。

利用周围的高看台作为支点的同时，将两根檩条木的前端下压并扎紧即形成拱。对杆件进行"预弯曲"自然形成拱的构思是20世纪弗雷·奥托在曼海姆展示中心（1975年）尝试的手法。可是，相比之下，这里显得更"自然流"。短工期、有限的村民劳动力和费用，由此创造的构造手法和施工方法无比精彩。用作拱梁的圆木和未受损的材料在解体后，全部拍卖出售给村民，这样的可持续建筑手法在今天仍意义深远。

15 | 由村民支撑的可持续建筑

Sustainable Architecture Supported by Citizens

只要人与建筑存有纽带，建筑就不会灭亡。从旧衣服变成新衣服，人力更新设计。

白川乡合掌造结构模型。支撑蚕室地板的连梁加强了合掌结构的整体性。学生们制作的模型中，用绳子绑扎的木框架结合部、合掌梁脚部的驹尻（铰支点）等细部表现得非常出色。（©加藤词史）

　　白川乡位于南北细长的山谷间，以前曾被称为秘境，日本最早的地质时代"白垩纪"的地层就出现在这里。根据太古时代的记录，耸立的灵峰白山与山麓森林郁郁葱葱环抱着村庄，与山毛榉树林中栖息的为数众多的动物一起传承至今。

　　在村庄尽头，登上山冈上城山天守阁的遗迹。眼下的荻町村落一览无余。在这个地区，冬季会遭遇暴风雪和凛冽的北风。为了避开强风，充分接受阳光的照射，合掌造屋顶的陡坡屋面全部为南北朝向，如同步调统一的建筑军团在行进。

有利于不断更新的设计

　　合掌造是以框架与小屋顶明确分开为特征。一层为居住使用，二层以上用作蚕室等，暖炉的热气和烟雾溢满家中，从而保护茅草屋顶不受害虫的危害。连接数根合掌斜梁的水平梁在支

| Material | 石 | 木 | 铁 | 混凝土 | 玻璃 | 膜 |

Close up

锦带桥

在日本传统的结构技术中"拱"的概念很淡薄，很少有类似西欧砌筑结构中拱形结构的案例。太鼓桥、反桥等拱起形态的桥，不是严格力学意义上的拱，从造型和功能的观点看是曲线梁。架设在岩国市锦川上的锦带桥是1673年当时的岩国藩主吉川广嘉创建的拱桥。1950年Kezia台风带来的洪水，将墩座冲刷出来，此后在深10m的沉箱上重建桥台，表面粘贴石材，保持原有外观。现今第4代的锦带桥技术，并没有流失，通过"平成的构筑"在2004年重建完成。独创的传统构筑技术已经被下一代所继承。白川乡和锦带桥都随着岁月的变迁，通过重建使该技术和空间得以传承。

这个理念也在伊势神宫式年迁宫中得以充分展现。每20年一次重复进行的盛大重建活动不仅弥补了木材材质的耐久性，而且将工匠的技能和人的和谐关系也传承了下来。

5根一组的拱跨约35m，拱高约5m，桥宽约5m。两端跨由5根支柱支撑形成梁结构。独创的形式、与周围景观相得益彰的美观造型，是日本在世界上引以为豪的名桥。

日本建筑学会主办的"亲子建筑讲座"中制作的"一次性筷子桥"很受孩子们的欢迎。不使用胶水，使用小木筷子单元制成的拱，轴向拉力和弯矩混合，与锦带桥的混合力的传递方式相通。

左：白川乡合掌造木结构交点。采用绳子连接发挥以粘结强度应对变形（回转角）。中间：对合掌梁的下端部产生的旋转变形用驹尻（铰支点）进行吸收。右：从城山的瞭望台看冬天的村落，合掌造的屋顶全部为南北朝向，以应对风雪。

撑蚕室地板的同时，极大地加强了合掌造屋顶的结构。合掌造屋顶结构上所看到的绳结连接手法，如鹰爪般紧紧抓住高强度根曲梁端的驹尻。对古人采用天然素材创造出如此舒畅优美的结构系统和巧夺天工的建筑细部构思感到由衷的赞叹。

据说该地区月平均降雨量为180mm，将东西朝向的屋面坡度做成45~60度，可以使雨水快速排走，依靠自然高效干燥，防止茅草屋顶腐烂。

1945年白川村有300栋合掌造民房，随着时代的流转，其数量在不断减少。茅草屋顶每30~40年需要重铺1次，这是需要200人两天的大工程。使村民关系更加亲密的劳力交换制度——"结"，是从珍惜古老建筑的传统中生发起来的，是日本人珍惜的心灵纽带和传统技能，现在除村民外，还得到许多志愿者特别是年轻人的协助、支持和传承。

白川乡与阿尔贝罗贝洛镇现在是姐妹城市。石材和木材不同材料建成的两个村落，拥有共同的关键词"可居住、可住宿的世界文化遗产"。

Year		B.C.	A.C.	1000	1600	1800	1900	2000

16 | 开拓新时代的一张草图

The Sketch which Opened A New Era

8万m²的建筑、6个月建设完成、构件的标准化、巧妙的细部节点。这里是今天预制构件的开端。

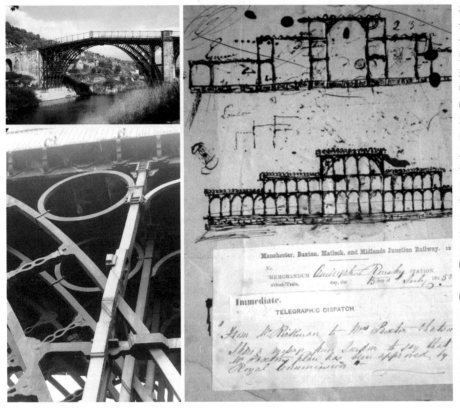

右："我脑中全是约定的设计事务"。在董事会上，约瑟夫·帕克斯顿下意识地在吸墨纸上画着草图，这张草图决定了此后展开的全部工作（1997年 摄影，R·阿尔伯特博物馆）。
左：世界文化遗产：科尔布鲁克铁桥（Colebrook·Iron bridge）（1779年）。在工业革命浪潮中产生了世界上最初的钢结构，该铁桥跨度30m。

Manchester, Buxton, Matlock, and Midlands Junction Railway.

MEMORANDUM

Immediate.

TELEGRAPHIC DISPATCH.

　　帕克斯顿是幸运的，他在从查茨沃斯（Chatsworth）自宅开往伦敦的列车上偶遇从梅奈海峡（Menai Strait）布列坦尼亚桥（Britannia Bridge）施工现场返回途中的罗伯特·路易斯·史蒂文森（Robert Louis Stevenson）。帕克斯顿当即将彻夜赶绘刚于当天早晨完成的设计图敦请史蒂文森过目，作为建设委员长的史蒂文森最初了无兴趣，但当他看到设计图后，彻底被设计方案所吸引，连烟斗熄灭了都未察觉，帕克斯顿凝神屏息静静守候，结果令人十分欣慰。

预制方法的开端

　　维多利亚王朝时代，阿尔伯特殿下首当其冲的工作是世界博览会。公开设计竞标征集的245个投标方案，全部未被采纳，对迂腐的委员会方案评价也极差，整个策划工作处于搁浅状态。帕克斯顿开始行动了，此时距离委员会做出最终结论仅剩下两周时间，这也是能给帕克斯顿的全部时间。他有一个确信和构思，源于那个"吸墨纸上的草图"将脱颖而出。

Material	石	木	铁	混凝土	玻璃	膜

与帕克斯顿的最初方案相比，建成后的水晶宫的设计优美
得多，其主角就是那些榆树。备受伦敦市民喜爱的3颗大树
未被砍伐归功于圆屋顶的设计构思。
在这幅画中，还可以看到现在保存在海德公园内的"铁门"。

| fig.1 | 帕克斯顿梁剖面图

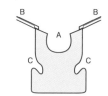

被称为"帕克斯顿
梁"兼雨水槽（A）
的木制梁。玻璃面
（B）的结露水流入
檐槽（C）。

在海德公园一
角，世界博览会
举办时热闹非
凡、点缀水晶宫
正门的铁门悄然
竖立在那里。
门上刻着"科尔
布鲁克代尔"，这
是那座铁桥诞生
地的名字。

基尤皇家植物园（Royal Botanic Gardens, Kew）棕榈温室
（1847年），将水晶宫中实现的玻璃建筑技术和空间以浓郁
的色彩保留下来。

上：凝视水晶皇
宫遗址的约瑟
夫·帕克斯顿面
带忧虑的头像。
下：在伦敦郊
外，汤玛斯·西
德纳姆（Thomas
Sydenham）体育
公园中保存的宽
阔石台阶。这个
基台上曾经建有
熠熠生辉的玻璃
建筑。

　　携带整套图纸的帕克斯顿在去伦敦的途中，遇见了罗伯特·路易斯·史蒂文森。考虑到建
设委员会做出最终结论需要时间，并将该构想立刻在报纸上进行了公布。委员会放弃了自己的方
案，之后不久全体人员一致通过了这个前所未闻的"铁和玻璃"方案。

　　占地8万㎡的水晶宫（Crystal Palace）完成于1851年，建设工期仅仅6个月，其速度之快与帝
国大厦18个月的工期同样令人惊叹。并且，在始终贯彻构件（玻璃和铁）标准化和巧妙的细部节
点基础上，还采用了桁架结构、幕墙、室内环境控制等综合性技术，可以说这些就是该建筑的最
大特征。今天的预制构件就起源于此。

　　1936年，迁移到汤玛斯·西德纳姆后历经80年、备受喜爱的水晶宫迎来了最后的时刻，突如
其来的大火瞬间融化了铁和玻璃，水晶宫消失了，遗址地变成了体育公园，只剩下大台阶和帕克
斯顿像。如今，只有伦敦市内的"吸墨纸"和"铁门"默默守候着来访者。

| Year | | B.C. | A.C. | 1000 | 1600 | 1800 | 1900 | 2000 |

17 | 工业革命改变了世界的桥梁

The Industrial Revolution Opened New World for Bridges

以炼铁技术的革命和蒸汽机的发明为背景，铁路和车站的发展推进了19世纪的"铁的时代"。

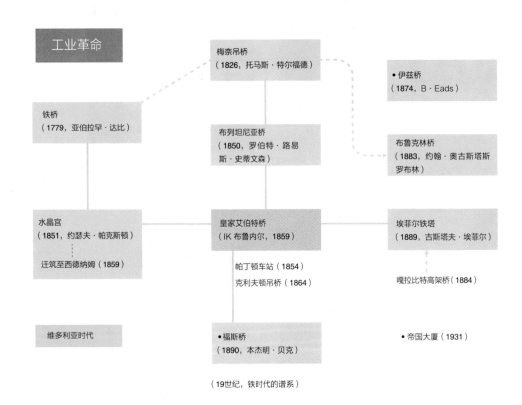

（19世纪，铁时代的谱系）

1779年，被视为工业革命象征的铁桥在科尔布鲁克代尔建成。在1795年发生的塞文河泛滥中唯一幸存下来的只有这座桥。这一年，作为全球首届土木学会第一任会长的托马斯·特尔福德（1757~1834）吸取经验，开始着手研究铸铁结构，与J·雷尼一起实现了许多拱桥的建设。

对于拱桥而言，以铸铁取代了石材；而符合新建吊桥缆索要求的材料是熟铁。从南非和中国与众不同的缆索式结构中诞生的吊桥，在18世纪最初的30年间在工业革命中心地英国不断取得成果，在特尔福德的主持下，这个时期世界最长的链式吊桥梅奈桥（跨度177m）在1826年得以实现。

史蒂文森与布鲁内尔

铁兴起了工业革命，蒸汽机推动了工业革命。由亚伯拉罕·达比制造的材料（铁）和J·瓦特制造的机器，可以说在从梅奈吊桥（1826年）到水晶宫（1851年）的25年中，加速了社会的工业化和城市化进程。

Material	石	木	铁	混凝土	玻璃	膜

再次访问这里时，桥头设置了公园、瞭望台，变成市民休憩的场所和景点。桥建成于1864年，从开工到竣工历经33年，在布鲁内尔去世5年后建成。此时在法国为铁时代留下最后一个杰作的工程师开始了他的事业，他的名字是埃菲尔。（摄影于2002年）

支撑克利夫顿吊桥（1864年）的链式钢缆。下立者为昔日的坪井善胜。（摄影于1975年）

布鲁内尔设计的帕丁顿车站（1854年），振兴城市空间的改造项目开始实施。（摄影于2011年）

为迎接伦敦奥林匹克运动会（2012年），重新装饰的圣潘克拉斯火车站（1876年）。车站正面保持原有的哥特式风格外观。

活跃在这个时代的还有R·史蒂文森（1803～1859）和I·K·布鲁内尔（1806～1859）。两人是一生的挚友，有着许多共同点。

为了拯救被迫担承迪依桥（Dee Bridge，1847年）坍塌责任的R·史蒂文森，赶赴布列坦尼亚桥（1850）现场积极建言献策的正是布鲁内尔，他作为"水晶宫"建设委员会委员，与担任委员长工作的史蒂文森一起支撑着项目的成功，两个人相继英年早逝，前后相隔不到一个月。

两人的不同之处体现在功能相同（铁路桥）和主跨度相同的各自代表作品——布列坦尼亚桥（1850年）和皇家艾伯特桥（1859年）中。前者是箱形梁结构（最初是吊桥方案），后者是弦支拱结构。

通过对结构合理性和艺术性的比较，戴维·P·比林顿这样评价道"布鲁内尔和史蒂文森的区别，在于一个尚未完全成熟，但是是结构艺术家；一个是相对成熟，但艺术方面稍有欠缺"。（《桥和塔》鹿岛出版会）

Year		B.C.	A.C.	1000	1600	1800	1900	2000

18 | 工程师之魂的梦幻之作

Haute Couture of The Engineer's Spirit

将吊链和压力拱组合，彼此的水平反力互相抵消，组装好的"悬索拱"成品用船拖曳到现场。

从伦敦西望康沃尔半岛的普利茅斯，雄伟的皇家艾伯特桥横跨湾口附近的塔玛河（别名索尔塔什桥，1859年）。

"I·K·BRUNEL ENGINEER 1859"。从很远的地方就能清楚地看到这些高高铭刻在皇家艾伯特桥东塔上的白色大字。由伦敦向西延伸到康沃尔半岛尖端的大西部铁路的建设始于1838年，即维多利亚女王即位后的第二年。在普利茅斯市西北的索尔塔什塔玛河上建造桥梁，是这条铁路建设的最后难关。河的宽度为340m，海军提出的条件是"只允许在河中央建一座桥墩"。

河岸上组装，河道中间顶升

　　吊链和压力拱组合，彼此抵消相互水平反力的"自锚式轴力结构"，在今天也称为悬索拱结构。这个原理早在19世纪初就有应用，不过如此大的规模是没有先例的。使用直径约11m的气压沉箱法（Pneumatic caisson method）进行水面下深达30m的桥墩的挖掘和成形，这个挑战也是前所未有的。

Material	石	木	铁	混凝土	玻璃	膜

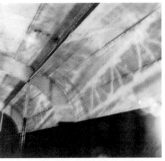

| fig.1 |　**悬索拱结构的机理**

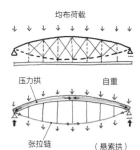

均布荷载

压力拱　　自重

张拉链　　（悬索拱）

列车的偏心荷载　（桁架梁）

左：从上弦管上方看邻近的新吊桥（公路桥）。右：进入巨大的钢管中，透过小孔（防止结露用），黑暗中映出漂浮在正下方河面上游艇的移动影像。

悬索拱结构的机理。应对自重，上弦管（压力）和下弦链（拉力）形成自锚式轴力结构。列车的偏心荷载由桁架结构承受。

左：从河面提升。右：高挂在桥塔上方的布鲁内尔的铭牌。

| fig.2 |　**明尼阿波利斯联邦银行的悬索拱**

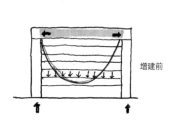
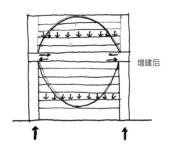

增建前

增建后

明尼阿波利斯联邦银行（1972年）。当上部拱层完成，就实现了悬索拱结构形式的超高层。以大型桁架梁承受偏心荷载。

　　在河岸上组装成形的悬索拱与平底船一起由5艘海军舰艇拖曳到桥墩位置，然后通过水压千斤顶进行顶升作业，在举着手旗的总指挥布鲁内尔的指挥下，数万民众紧张地屏住呼吸见证了这惊险一幕。

　　1859年2月，在迎接女王夫君阿尔伯特伯爵的桥梁通车仪式当天，因忙于大东方号建设而积劳成疾的总指挥未能出席。数日后，布鲁内尔躺卧在敞篷出租车内，独自一人从桥上驶过，他胸中洋溢的也许是满满的成就感和梦想未竟的寂寞吧。一位充满激情、不屈不挠的工程师，在这年秋天离开了人世，终年59岁。

　　近年，随着桥的老化，在尊重原设计的同时慎重实施了更换构件和追加补强材的工程，虽说桥已年代久远，但至今还在使用中。虽然在其旁边也建成了现代吊桥，但其远远超越现代吊桥的"结构艺术"的气势折服了观赏者，在桥头广场上休息的人们面前，这座19世纪的巨人依然是情怀悠然。

19 | 因风而名的设计者——

A Designer called The Wind

犹如编织蕾丝花边一样搭建而成的钢铁贵妇；
持续与风压抗衡的"工匠"埃菲尔前所未有的挑战。

为纪念法国大革命100周年，建造超越300m的塔作为巴黎世界博览会（1889年）的标志。按照该设想最终参与竞争的是建筑师安东尼·布尔德尔的石结构灯塔方案和当时土木学会会长埃菲尔的方案。在文人墨客口诛笔伐、猛烈抨击的浪潮中建成的"铁巨人"，现在是巴黎的象征，它不仅为市民所喜爱，也是游客憧憬的地标性建筑。

19世纪被称为是"铁的时代"。为点缀世纪末的精彩建起了2个巨人，这就是埃菲尔铁塔和福斯桥。当时世界最高的建造物是高170m的华盛顿纪念碑（1884年）。对于"塔"的建造，居住在巴黎的艺术家、知识分子掀起强烈的反对运动。埃菲尔反驳道："人们尚没有体验过这个巨大纪念物的壮美，谁能对它进行评价呢？"。原约定博览会召开20年之后将该塔拆除，多亏了新的时代用作无线通信天线的新需要拯救了埃菲尔铁塔，使其成为巴黎的新名胜。

不屈服于风的形态

在此之前埃菲尔对结构抗风安全储备就十分关注。1879年在苏格兰的泰河湾发生过由于强风造成大桥连同列车一起坍塌的事故。由于这个事故的发生对12年前设计的洛泽高架桥高59m的桥墩底部进行了拓宽，以加强对侧风的抵抗能力。也许从那时起，在埃菲尔的脑海中就已经基本形成了300m高铁塔"风的设计"的结构形态。

Material	石	木	铁	混凝土	玻璃	膜

| fig.1 |　**克什兰和努・吉耶设计的铁塔方案（1884年）**

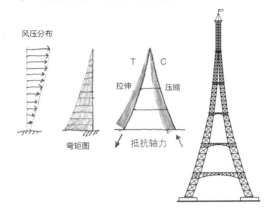

风压分布

弯矩图

T　C
拉伸　压缩

抵抗轴力

上：
"钢铁
贵妇"
的晚
装。
下：晚
年的埃
菲尔最
关心的
是对风
的研
究。铁
塔最顶
层的
实验
室接待
过许多
名人，
爱因斯
坦也是
其中之
一。

由研究所设计人员克什兰和努・吉耶设计的300m铁塔方案
（1884年），第二年埃菲尔在土木学报上发表了该方案。埃菲尔
铁塔的造型是在受到风压时，运用轴力系统应对整体弯矩的构
想中产生出来的。

尽管那个时代，比如福斯桥（1890年）已经使用了大量的钢材（平炉
钢），但埃菲尔还是坚持使用铸铁（7300吨），像蕾丝花边的编织物一
样，从纤细的构件及其组合中可以感受到温情。合理的结构体、华丽
的外装饰设计，"贵妇"看起来好像变了一个人，魅力十足。

也可以说"埃菲尔铁塔的设计者就是风"。在法
国中部圣佛尔近郊架设的嘎拉比特高架桥（1884
年），实现了对外来干扰风荷载的洞察及紧密结合
的结构形态、部件、施工的设计，对埃菲尔塔的设
计贡献了它全部的潜能。

　　如此理解，就可以解读埃菲尔完成自由女神像工作的驾轻就熟与自信。此后他说"这与钢
结构桥梁的抗风压设计是一样的"。

　　然而，"真正设计埃菲尔铁塔的人是谁?"，这个疑问成为长久以来人们讨论的严肃话题，
"埃菲尔铁塔的创意不会是克什兰的吧?"。埃菲尔经常采用将设计准备阶段的构思委托研究所
成员去发挥的工作方式，而埃菲尔铁塔项目委托的是克什兰。埃菲尔叙述道"埃菲尔铁塔构思
直接源自洛泽高架桥，始于嘎拉比特高架桥，并最终将4个脚进一步向外伸展，相互独立形成
新的塔结构体系"，由此推测，是否可以理解为克什兰将这个想法运用在300m的铁塔上了呢?
熟悉这个造型形态，并具有工程总体指挥经验和独特个性的"工匠"除埃菲尔以外别无他人，
可以说与高迪有异曲同工之处。埃菲尔为克什兰的构思支付了高额的费用，并给予他终身优厚
的待遇，克什兰的后代们至今对埃菲尔心存感激和敬意。

| Year | | B.C. | A.C. | 1000 | 1600 | 1800 | 1900 | 2000 |

20 | 横跨大海的格贝梁

A Gelber Beam Crossing the Narrows

水面上50m高处直线跳跃的"铁恐龙",实现了全长2527m的格贝梁技术。

19世纪末铁路与蒸汽机车同步发展,像网格般扩展至英国全境。在爱丁堡近郊福斯湾上架设的福斯铁路桥(1890年)被称为"铁恐龙"。福斯铁路桥与埃菲尔铁塔并列,是"铁时代"精彩谢幕的巨人之一。

伦敦国王十字车站(King's Cross station)的$9\frac{3}{4}$站台,哈利波特的故事常常从这里开始。

这里到爱丁堡约4小时的车程,由爱丁堡继续北上去苏格兰的途中,横亘着两个大峡湾——福斯湾和泰河湾。拥有铁路才能带来强大的经济效益,在峡湾修建桥梁是苏格兰人长久以来的梦想。

横跨峡湾之一的泰河桥,是邦奇(Thomas Bouch)设计的,工程历经磨难终于在1877年完成,但两年后发生灾难性事件,桥梁连同列车一起塌落到海里。其实,福斯桥的技术方案当时亦未尽完善,其技术顾问贝克一直关注不为英国人熟知的格贝梁技术(悬臂梁+简支梁的组合),并迫切希望能够实现。

实现了最长的跨度

从远处眺望福斯铁路桥,可以看到曲线状桁架的下弦基本与海面相接,桥身看上去显得更加流畅,结构体系十分明快。

Material 石 木 铁 混凝土 玻璃 膜

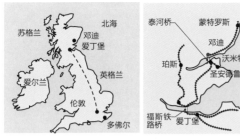

左：从伦敦过爱丁堡继续北上，展现在眼前的是严酷的大自然塑造的美丽苏格兰风景。

右：爱丁堡的周边地图。对高尔夫球爱好者来说，一生至少要造访一次跨过福斯公路桥往北约70km的圣安德鲁斯高尔夫俱乐部（1754年）。

为说明贝克的悬臂梁方式（格贝梁）的原理，学生们模仿1887年进行过的"人体模型"（Living Model）进行公开表演，以体验和学习结构力学，既容易理解也十分有趣。

| fig.1 | 格贝梁的M图

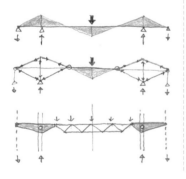

格贝梁的原理（应力）和应用
上：被悬臂梁（两侧）支撑的中央桁架
中：将弯矩（M）替换成桁架轴力的（福斯桥）
下：应用铸钢静定悬臂的蓬皮杜中心。

用铆钉锚固成形的大口径管道的底部。

H・格贝获得悬臂梁（当时美国普及的叫法）专利（"格贝梁"专利）是1866年，此前已经有许多的工程案例。无论如何这种结构方式从力学角度看是最单纯的"静定梁"，在合理设计和施工的同时，通过结构体的"分节化"，使丰富空间构成和结构表现具有了更多可能，譬如巴黎的蓬皮杜中心。临近设计竞标截止日，在摸索具有说服力的空间设计时，有人想起了架设在美因河上的最早格贝梁桥哈斯富特桥（1867年），在其构思的启发下，铸钢静定悬臂梁形式走向飞跃，在竞标中胜出。

随着离桥越来越近，稀疏的垂直线条变得密集起来。整体断面向内倾斜，可以说是吸取了泰河桥的教训加强了"应对侧向风"的安全防备——可以看作是有名的亨利8世肖像中"霍尔拜因的立姿"。可是由于这个倾角，节点的处理变得相当复杂。非常有趣的是桥墩上的支座，贝克将4个支座中的3个支座考虑为可动支座，仅一个支座固定，以此应对温度变化。

福斯桥主跨521m，超过当时世界最长的布鲁克林桥30m，在魁北克桥建成之前以世界之最而自豪。支托2个悬吊桁架（106m）的悬臂梁（208m）由3个桥墩（高104m）支撑，由此形成2个主跨，桥全长2527m，列车在距水面约50m高的桥廊道上行驶。

新的时代由铁路向公路转移，并排的福斯公路桥于1964年完成。跨越这座桥梁继续往北，翻越连绵起伏的苏格兰丘陵，驾车1个小时就可以到达高尔夫球爱好者憧憬的圣地——圣安德鲁斯。

Year		B.C.	A.C.	1000	1600	1800	1900	2000

21 | 重力创造的悬垂曲线

Catenary Line produced by Gravity

在自重下自然下垂的曲线，倒立后在空中翱翔。
悬垂曲线描绘建筑新景观。

说到纪念碑，都会联想到厚重的雕塑。超越这个常规，让人直观感觉最单纯的"一个拱"，究竟是什么？"西进之门"（Gateway to the West）直撼人心，是一部从密西西比河向大西洋扩展的西部拓荒史。此方案将时间和空间鲜明地形态化，并令人吃惊地获得最优秀奖。翻过河岸旁隆起的绿丘，有通向地下博物馆的入口，从那里乘4座缆车吊篮，直接登上顶部，可以通过"七鳃鳗"的小窗，饱览一望无际的遥远地平线。

在拱建造的最后阶段，向朝阳面受热变形的拱上泼水，矫正完成后在拱顶部间隙里嵌入最后的拱顶石。

　　从脖子上取下项链捏住两端试着拉开，此时呈现出的形状就是悬链线（悬垂曲线），介于垂直于地面的均布荷载产生的抛物线和圆弧之间的这个形状是由自重（荷载沿链长均布）形成的自然张拉形态。如果将这个形状冻结，再倒置就成为纯粹的抗压拱。

　　其代表之一是竖立在圣路易斯的杰弗逊纪念拱门。跨度、高度均为190m的拱雄伟壮丽，预应力混凝土等边三角形断面外包不锈钢，是功能、结构、造型的结晶体。合理的悬链线在克服自重的同时承受着严酷的平面外风荷载，交织着光与影、闪耀与透明、矫健与纤细，宛如四维戏剧表演。这个项目从设计竞标到工程竣工历时17年，然而这位出生于美国与F·赖特齐名，具有非凡想象力和创造力的革新建筑师沙里宁在竣工的三年前业已去世。

倒挂实验——安东尼奥·高迪的设计手法

　　要想了解取得独创性伟大成就的人们的作品特征，一般来讲按顺序探寻其个人作品即可。

Material	石	木	铁	混凝土	玻璃	膜

圣家族大教堂（1883~）。左：1906年最初构思，1925年发表了最终整体方案图，感觉永远处于"建设"状态（作者草图绘于1972年）。右：中廊部的结构模型。1913年~1915年构想的树状结构最终方案完成于1922年。晚年，高迪留下一句话是"我们为后世留下的大教堂应该是尽可能设计得完美、雄壮的作品，使后世的人们能有这样的认识：无论发生什么情况都必须将这项建设工程继续下去"。

古埃尔领地教堂，尽管最终以未完成告终，但还是被赋予了高迪最高杰作的地位。通过一块展板模型说明重力作用的结构形态和石砌空间造型关系。

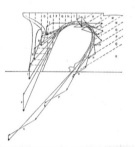
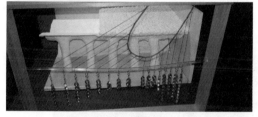

左上：古埃尔公园的回廊和列柱。右上：决定挡土墙形状的矢量图（松仓俊夫）。下：用链表现的结构原理模型。

| fig.1 |　各种拱的形态

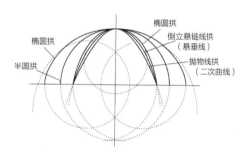

其本质的部分每次都会显现，而且它会连续不断发展。

关于高迪，其"本质"之一是"反吊实验"。在当时的西欧，哥特式结构普遍被认为是完美的结构形态。可是高迪对此持反对意见，原因是他认为如果没有不自然的水平反力会更好。拱脚越垂直接近地面，就越不需要撑柱，悬链线使其成为可能。

高迪将这个想法用于巨大的圣家族大教堂的主殿设计，无疑高迪打算用这个殿堂象征天上的天堂。大教堂回廊部天井拱顶高度是70m，朝着拱顶的列柱向上延伸，整体形成具有稳定感的金字塔形状，称为"树状结构"是恰如其分的，主柱上分岔，倾斜柱也出现分歧，像支撑树叶一样，外壁没有撑柱，阳光从大的开口部射入。

2010年11月，罗马教皇出席并举行了献堂式，圣家族教会成为正式的祈祷场所。

22 起源于小小花盆的RC

The Beginning of RC was a Small Plant Basket

法国园艺家约瑟夫・莫尼埃（Joseph Monier）发明的加入钢筋的花盆，不久发展成为席卷全球的钢筋混凝土结构。

乘坐从巴黎北站出发的RER北线来到勒兰西（Raincy），眼前是一座墙面被彩色玻璃覆盖的教堂——勒兰西教会（1923年），强烈感受到初期RC结构的朴实和坚固，被一种无法用语言表达的沉稳气氛所笼罩。因为没有地震的缘故吧，细长的柱子上波浪形的RC顶棚如同飘浮在空中，整个教堂仿若不可思议的无重力空间。

正如19世纪是铁的时代一样，20世纪初期拉开了钢筋混凝土（RC）时代的序幕。人们知道，罗马人将水泥、石子、砂、水按一定的比例混合，发明了称为罗马混凝土的人工材料，万神殿的建设也因此得以实现。然而，混凝土作为建筑材料开始广泛使用是在以"硅酸盐水泥"（1824年制造专利）为代表的人工水泥开始普及生产的19世纪后半期。

钢筋混凝土的诞生

将抗拉伸的钢筋和抗压缩的混凝土组合成"钢筋混凝土"的是法国园艺家约瑟夫・莫尼埃（1823～1906年），他在该领域发挥了开拓者的作用。莫尼埃在1867年取得钢筋水泥容器（花盆）专利之后，尝试在桥梁等领域加以应用。

在进一步着眼工业化和系统化的同时，将RC结构发展适用到建筑领域的是弗朗索瓦・汉尼比克（Francois Hennebique，1843～1921年）。

Material	石	木	铁	混凝土	玻璃	膜

在可眺望埃菲尔铁塔的夏乐宫附近，建在富兰克林街上的奥古斯特·佩雷（Auguste Perret，1874～1954年）的公寓（1903年）极尽奢华。将非结构材料（外墙、开口部）作为框架的皮肤，镶嵌在主体结构上的设计构思充分体现了建筑师设计的独具匠心。

建在巴黎西郊外普瓦西的萨伏伊别墅（1929年）。相当于佩雷弟子的勒·柯布西耶，将"近代建筑5原则"的终极形式在这栋建筑中表现得淋漓尽致。该原型要追溯至1914年的"多米诺体系"的提案。四方形箱体飘浮在细柱上，这一理念的外观意想不到地体现在入口相反一侧的北立面上。

1991年，ASCE（美国土木工程学会）选择了萨尔基那山谷桥作为历史性和国际性地标。指导取得该业绩的是当地酒店经营者梅耶先生，在这个小型私立博物馆中，存放着纪念修复扶手的、美丽的混凝土样块。

由匹兹堡向东南乘车约2小时。被茂密树林包围的熊跑溪瀑布上方建造的流水别墅（1936年）。第一次用RC实现大型悬臂梁。当时对F·赖特（1867～1959年）来说肯定是巨大的技术挑战。2002年，对不断增大的梁的下挠，采用后张法进行加固，使"遗产"摆脱坍塌的危险。

相对汉尼比克，莫尼埃的想法通过熟练的工程师韦斯（Weissvuaisu，1851～1917年）。传到德国后得到了普及。

不久，进入20世纪后，已经普及的RC，由工程师向建筑师传递。将适用、坚固、美观三要素进行初步统合，以其"应有的姿态"在富兰克林街的公寓和勒兰西教堂中开花结果，还有勒·柯布西耶的萨伏伊别墅和弗兰克·劳埃德·赖特的流水别墅。奥古斯特·佩雷朝着自由开放建筑空间的创新也相继展开。

以汉尼比克构造法为代表的钢筋混凝土结构，是19世纪引入日本的，日本多地震，钢筋混凝土结构以其优秀的抗震性能、耐火性能和新颖的结构体系引人注目。

作为当时的典型案例，有三井银行总部（1904年）和日本桥丸善（1909年），这种结构形式明显有别于之前的西洋式砌筑结构。就造成建筑工程师和结构工程师的分化契机这一点来说，可以认为是日本近代建筑史的起点，其主导者就是佐野利器和横河民辅。

Year		B.C.	A.C.	1000	1600	1800	1900	2000

23 | 溪谷上屹立的三铰拱

Three Hinged Arch Standing over a Ravine

三铰拱自然的弯矩曲线状剪影。合理、洗练的设计，与大自然的美融为一体。

从斯特莱斯山顶远眺萨尔基那山谷桥（Salginatobel Bridge）（摄影于1979年）。当发现修建这座桥仅仅是为了方便小村落道路旁50户村民的出行（Suder，右上）时，不禁被其建设动机所感动。

"即使那样，罗伯特·梅拉尔特（Rogert Mailart）巧妙地利用崇山峻岭岩壁间裂缝宽度，创造出壮丽感的手法，无疑超乎寻常。这座平衡感良好的桥，如希腊神殿般安稳平静，在不规则形状的岩石间跳跃。那座桥飞越溪谷裂缝时的优美、轻快、富于弹性，将桥梁的巨大体量大大弱化，融化在拱、桥面以及连接两者的竖板协调的韵律中"［S·吉迪恩（Sigfried Giedion）《空间·时间·建筑》/ 原著1941年］。

融入自然的白色拱桥

这篇最早向世人介绍萨尔基那山谷桥的文章，描写鲜活而令人印象深刻。桥竣工于1930年。如此古老的东西还能留存至今吗？1979年9月于半信半疑中踏上滑雪圣地达沃斯附近瑞士阿尔卑斯山中的小路，寒风刺骨，满天星斗，沿山道而上登顶那一刻，透过深深溪谷中弥漫的雾气望向对岸，白色拱的轮廓依稀显现，大弧如立爪抓在陡峭的崖壁上腾空而起。

Material	石	木	铁	混凝土	玻璃	膜

左：从谷底沿陡峭的山路上行，从新设的瞭望台仰望跳跃的拱桥。中：桥上小憩的徒步旅行家庭。竣工后历经50余年的RC扶手老化十分明显（摄影于1979年）。2000年桥整体大修时，扶手被拆除后修建了新扶手。右：装饰《建筑杂志》(2010.10,特集：结构者的格律）封面的理查德·高雷（1869～1964年）的支撑保护工程。称高雷为结构工程师不如说是经验丰富的木匠，他亲自主持了许多桥梁建设和支保结构的设计。

| fig.1 | 拱的机理

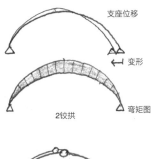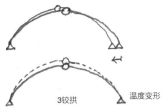

哪怕是拱脚（支点）轻微的移动或温度变化都会对拱产生影响。三铰拱通过"连杆机构"确保不产生弯矩。

| fig.2 | 3铰拱的M图

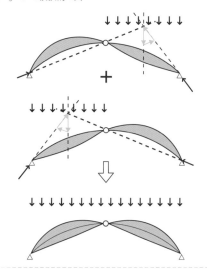

自重主要靠拱的轴向力抵抗，车等非对称荷载会产生很大的弯矩（M），如果将非对称1/2均布荷载的M图分别重叠的话，会出现月牙形，这正是该桥独特的形态。

　　以昏暗的树林为背景，朝霞开始辉映时拱紧张感尽释，轻快感油然而生。目力所及范围内，一望无际的海芋植物和高耸的岩峰，牛铃与山谷流水声交相回应在阿尔卑斯山美景中。一个构筑物竟然如此美丽和协调，真是让人有一种意外的惊喜。

　　桥跨度90m，宽仅3.5m，仅容一辆车单向通过。桥有着独特的侧面，结构体系简洁明快，RC结构的特性得到了巧妙的发挥。桥第一个特征是三铰拱，桥座基岩即便有些移动也不会对结构产生应力；第二个特征是月牙形，对于设计上最为不利的1/2分布荷载，预想的弯矩曲线（膨胀的透镜状）直接与桥的轮廓重合。

　　作为追求RC潜在可能性和必然性的精湛结构艺术，这个悄然到访的"巡礼地"在21世纪的今天依然健在。

　　在桥头上，除工程竣工的铭牌外，还装饰了近年被授予的获奖奖牌，历经岁月已经老化的RC扶手在2000年进行了重新浇筑。材料和设计融合的可持续名桥，是传承到未来的遗产。

Year		B.C.	A.C.	1000	1600	1800	1900	2000

24 | 谁是海因茨·伊斯勒?

Who was Heinz Isler?

将材料、建设能源和室内环境维持能源都控制在最小。
从轻薄的"伊斯勒薄壳"看今日课题的成果。

海恩堡游泳馆（1979年），为防止结露而采用刨花水泥板的室内空间柔和而明亮，全年被市民们充分利用。

　　以著名的少女峰和艾格峰为代表的伯尔尼兹高地地区，是瑞士阿尔卑斯山的名胜之地。山下图恩湖西端临近图恩镇北侧的小镇上座落着有着轻盈白色RC薄壳外观的海恩堡体育中心（1979年）。
　　与爱妻一起笑容可掬迎接客人的伊斯勒（Heinz Isler），在来自日本的年轻人面前开始即兴讲演，他拿起餐厅的桌布，拉起四角呈悬吊曲面，这就是该游泳池基本的"形和力"的原理，然后把1张小纸片的两端折成U字形，再将4边的开口部稍微向上反折，薄壁壳体的强度就会骤然增大，这就是该建筑物的重要特征。这种形态也可以通过反吊模型很自然地形成。

用最少的能源进行建设

　　覆盖正方形平面（32.5m）泳池的屋顶厚度仅9cm。在兼作模板的保温板上放置双层钢筋，使用低坍落度混凝土第1天浇筑4个角部，第2天浇筑中央部位。

Material	石	木	铁	混凝土	玻璃	膜

伊斯勒拿起餐厅的桌布，向学生们说明伊斯勒薄壳的原理"悬吊网"。（摄影于1988年）

用"反吊"原理做成的海恩堡泳池石膏模型。

1962年，坪井善胜提出的"课题"就是伊斯勒的"可能的自由形态"的草图（1959，1ASS）。如何运用钢合理地实现RC壳体曲面？开拓了这个时代空间结构中尚未开发的领域。

在无法依靠电脑进行结构设计、曲面解析等更无从谈起的时代，伊斯勒仅用小模型实验便制作出了大壳体。

3天后，将支点间地下拉梁进行最初的1/3预应力导入，并在21天后进行最后的预应力（PS）导入，PC壳体在储存压力的同时平缓地从支撑架上升起，完成后，拆除混凝土曲面成形所用的集成材曲面梁和木制模板，收入仓库以备再次使用。

熟练的施工队伍、临时设施材料的重复使用、PS屋顶的防水、壳体外周的导水曲面、内置刨花水泥板的吸音/隔热/和防止结露功能、由天窗和侧墙的采光。综合以上诸要素的结构，就是"伊斯勒薄壳为何能够经济地完成"的答案。

最少的材料构成最紧凑的空间、建设能源/室内环境维持能源最小化的当今课题，在这个"极简造型"中得到实现。

25 | 像布一样薄的混凝土

Thin Concrete like Fabric Sheets

那块土地、那段历史上发展起来的建筑方法，相互影响、共同提高，至今仍在持续发展。

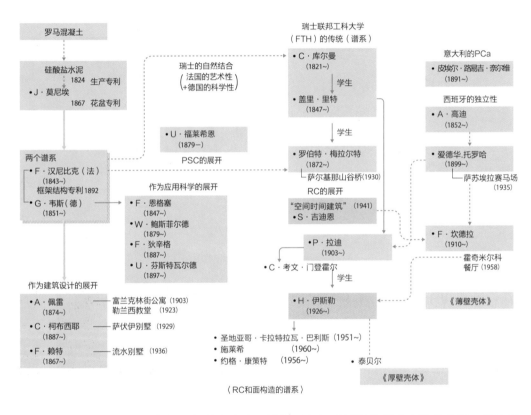

〈RC和面构造的谱系〉

第1届IASS会议（1959年）翌年的小聚会，鼓舞了人们对伊斯勒薄壁壳体的热情，将该活动引向新的高潮。1960年初，苏黎世街道的橱窗里展示着一本书，该书封面是费利克斯·坎德拉（Felix Candela）的《霍奇米尔科餐馆》（1958年）。对技术的可能性已得到实际验证的伊斯勒来说，这应该是造型魅力及挑战性课题被拓展的瞬间。回顾这个时代的那一阶段，大空间的结构设计、特别是RC薄壁曲面结构设计，似乎成熟与停滞混同在一起。

薄壁结构的诱惑

D·P·比灵顿（David. P. Billington）说道："20世纪的结构工学历史不是直线发展的"（《桥和塔》——结构艺术的诞生，鹿岛出版会2001年）。"其理由是自然法则与扎根于地域的美的感觉互相影响和融合，……比起任何科学发现和一般理论，第二次世界大战以后（1945年），薄壁结构设计方向带来的巨大影响是各国有目共睹的"。

Material	石	木	铁	混凝土	玻璃	膜

左：即将竣工的卡莫利诺花园中心（1973年）。中：年轻的工程师们控制不住好奇心登上了应该不允许攀爬的顶部，远方花店的女社长奔跑过来。右：在壳体屋顶中央大型可动式天窗（有机玻璃）用于室内空气流通。

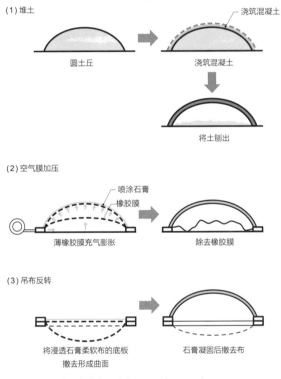

(1) 堆土

圆土丘 → 浇筑混凝土 浇筑混凝土

将土刨出

(2) 空气膜加压

喷涂石膏
橡胶膜

薄橡胶膜充气膨胀 → 除去橡胶膜

(3) 吊布反转

将浸透石膏柔软布的底板撤去形成曲面 → 石膏凝固后撤去布

伊斯勒提案的3个RC壳体实验手法。（1959年，IASS）

上：利用空气膜方式形成曲面。下：在薄布上浇注石膏，当石膏开始硬化时，撤去底板，等待曲面的硬化。参会人员紧张地注视着伊斯勒快乐的演示。（1994、IASS的会谈）

　　各自独立、几乎同时兴起的3个文化传统是：德国的数学和科学、意大利的历史和艺术、西班牙的工匠建筑传统。这3个发展形式发生在两次世界大战之间，1950年代达到了顶峰。

　　从中可以看到两大潮流，各自有着自己的中心主题：一个是结构的合理性，另一个是形态的自由性。而对伊斯勒来说哪个都十分重要。

　　伊斯勒的薄壁壳体是基于瑞士的传统，发挥其中心作用的是P·拉迪（1903—1958年）。看到萨尔基那山谷桥的建设就要临近，拉迪与F·坎德拉一样，痴迷于罗伯特·梅拉尔特和爱德华·托罗哈的作品。据说从1945年开始，他在瑞士联邦工科大学（ETH）作为查尔斯·库尔曼和盖里·里特的嫡系，在慎重教授学生数值分析的同时，反复强调结构形态（艺术性、模型实验、简明的计算方法、由部分到整体的把握、观察实物结构状态）的重要性，那里就有与C·门登霍尔在一起的年轻伊斯勒。

Year		B.C.	A.C.	1000	1600	1800	1900	2000

26 | 薄壁和厚壁

Thin and Thick Curved Surfaces

工程师是艺术的仆人吗？超越围绕美和合理性的争论，计算机的解析能改变"壳体"空间吗？

丰岛美术馆（2010年）。RC空间和水的艺术合演如与未知的相遇，使人流连忘返，忘却时间的流逝。

　　一个时期，有许多建筑师对薄壳结构都十分感兴趣，与埃罗・沙里宁、约恩・伍重、丹下健三并列的泰贝尔（法国）可以说也是其中之一。如何使RC薄壳在力学合理性与造型自由度间取得平衡？泰贝尔曾经设计的一个壳体在建筑界引起了很大的反响。

无肋壳体的实现

　　"工程师是否是艺术（家）的仆人？"，围绕蒙特利尔奥林匹克运动会自行车竞技场（1976年），结构技术人员之间展开了越来越激烈的争论。壳体的优点在过分花哨的形态中很难体现，这就是反对派的主要观点。在此前不久，伊斯勒就霞慕尼综合体育场（1973年）与泰贝尔进行了合作，为了实现提案的扁平3点支撑壳体曲面，需要在周边开口部设置坚固的加强肋，伊斯勒对此表示不满。在不安装加强肋的前提下，怎样才能提高薄壳的强度呢？

Material	石	木	铁	混凝土	玻璃	膜

左：与建筑师泰贝尔合作的霞慕尼综合体育场（1971年）。球壳分割成三角形平面的RC壳体群。伊斯勒强烈希望去掉曲面边缘上设置的加劲梁。中：蒙特利尔奥林匹克运动会的自行车竞技场（贝罗穹顶，1976年）。"工程师是否是艺术的仆人"（泰贝尔），围绕这个项目，结构技术人员之间展开了激烈的争论。右：具有极为复杂形态的日内瓦办公楼（1969年）石膏模型。产生于伊斯勒的悬吊式形态创建法。

以瑞士阿尔卑斯山脉与洛桑湖为背景的劳力士研修中心（2010年）。可以从厚壁曲面板构成的形态和空间体验到前所未有的"超越建筑的世界"。

　　当初，伊斯勒应用几何学球面的同时提高其拱高（顶点），将周边折弯成不连续锐角来代替肋，实现了索洛图恩花园中心（1961年）。另外对几何曲面中难以实现的"无肋壳体"，采用形态创建法进行切入，譬如日内瓦的西克里纳（1969年），看上去复杂的壳体利用"垂布手法"将2个曲面有机结合，曲面的压力顺利传递到7个支点上。

　　此外，在卡莫利诺Camolino花园中心采用"发泡手法"的4点支撑形态仅用厚7.5cm壳体即完成无肋壳体，将边缘向上反翘的海恩堡泳池也是"垂布"产生的自然形态之一，大大提高了整个薄壳的加强效果。

　　近年，随着计算机解析技术的提高，建筑师对采用形态塑造手法的厚壁壳体的兴趣也日益高涨。对于流动空间和自由造型来说，厚壁曲面板的自由度更大，抛开经济性因素，可以实现薄壁壳体无法达成的建筑魅力。

Year	B.C.	A.C.	1000	1600	1800	1900	2000

27 | 首次超越万神殿的RC穹顶

RC Dome overcome Pantheon

万神殿至今经历了1800多年的时光，超过其直径的巨大穹顶终于实现了。
爱德华·托罗哈的思考和灵感。

从附近公寓的阳台眺望，建成至今已近50年的白色壳体（摄影于1979年）

    这里是西班牙的最南端，站在沿地中海绵延的科斯塔德尔索尔（太阳海岸）尽头的阿尔赫西拉斯的街道上，可以眺望到远方屹立的直布罗陀的巨大岩石。拐过港口附近的小巷，豁然开朗的广场中央，舒展的白色RC壳体突现眼前，这是34岁的托罗哈一举成名的处女杰作。阿尔赫西拉斯市场（1933年）端庄美丽，同时还洋溢着平民式的温和。

    厚9cm、直径48m的点支撑正八角形穹顶，作为单体球壳首次超越万神殿的43m直径穹顶。通过对环向拉杆施加张力将穹顶整体从构台上浮起，对RC壳体来说，千斤顶卸载时应避免外周环受拉，为此托罗哈在RC壳体中施加了预应力。或许因为该地区降雨少的原因，未作任何防水处理的壳体裸露的表面仍然光洁如初，完全感觉不到经历了如此漫长的岁月。

闪现在最后一瞬的灵感

    20世纪30年代是成熟的结构师托罗哈的鼎盛时期。

Material	石	木	铁	混凝土	玻璃	膜

 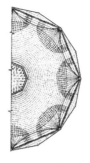 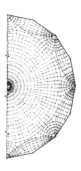

建设当初围绕广场周边的低层住宅，现在已经变成了高层建筑。明亮的阳光从大三角形格状天窗射入，市场的热闹气氛洋溢四周。通过围合的手法，壳体曲面更加强烈地显现出其特殊的存在。

马德里赛马场今年进行了大规模的修复，主体结构和室内装饰都焕然一新。通过"翼"的实验模型来理解造型和结构一体化的曲面式悬臂梁所具有的巨大性能。

1951年，托罗哈在马德里市查马丁车站附近设立了托罗哈研究所。分散在研究所内的独特建筑和设施让人缅怀托罗哈的人品和卓越的设计品位，采用伯努利双纽线的绿廊被赋予了"肋骨"的绰号，在绿廊下踱步是勤于思考的托罗哈的每日功课。

有着开敞式落地玻璃窗的圆形餐厅。

　　逻辑性和想象力，托罗哈的设计活动强烈关注的是用美的感性将这二者结合起来的过程。托罗哈经常感慨："执着地追求，反复地思考，在最后的瞬间总会闪现意外的灵感"。

　　萨苏埃拉赛马场（Zarzuela·hippodrome）也是如此，在设计竞标截止日的当天清晨，突然闪现出满足所有条件和意象的灵感。一层看台将两个宽大空间有机组合，天平结构和一叶双曲面悬臂梁，连续的壳体屋顶无论从力学还是造型的角度看都像是"比翼飞翔的海鸥"，托罗哈运用其擅长的足尺实验对其强度进行了确认。

　　托罗哈创立了IASS（现在的国际薄壳/空间结构协会），1959年9月在马德里召开了第一届国际会议，建筑师、结构师、技术人员、研究人员齐聚一堂。以后每年均举行年会，不间断地持续发展，培育了众多以空间结构和结构设计为目标的人才。

Year		B.C.	A.C.	1000	1600	1800	1900	2000

28 | 诗一般的RC小桥

Small and Poetic RC Bridges

只为徒步通行的小桥凝聚着知性和美学意识，纤细优雅且灵活，RC生机勃勃的创造力，使全世界感到震惊。

朝夕进行着赛艇练习的威尔河和上方架设的步行桥（1963年）。左为学生会馆，右为大教堂。

　　从伦敦国王十字车站乘上开往苏格兰的快车，约3个小时车程抵达达灵顿（Darlington）车站，1821年乔治·史蒂芬森发明的世界最初的蒸汽机车曾在这座车站缓缓驶过。从这里换乘慢车，约30分钟就可以看到山丘森林上方巨大的教堂，面对大教堂的是征服王威廉为应对潜在的北方威胁所修筑的宏伟壮丽的城堡，中世纪的达勒姆Durham/杜伦是由天然壕沟围合的难以攻陷的要塞。

　　随着院系的增设，在被河流隔开的东岸首先建造了学生会馆，作为设施扩建的第一步。被指定为此项目结构工程师的奥帕·艾拉普，迎来了意想不到的机遇——连接大学新旧校址步行桥的设计。

阿拉普时年68岁

　　1963年悉尼歌剧院的建设刚刚起步，在悉尼歌剧院的设计工作中发挥重要作用的建筑师三

| Material | 石 | 木 | 铁 | 混凝土 | 玻璃 | 膜 |

| fig.1 | **承受集中荷载的桥梁M图**

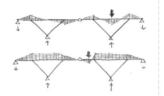

桥梁中间单侧集中荷载时的弯矩图。力被分散承担。

| fig.2 | **剖面图**

桥中央部的青铜制伸缩滚轴，滚轴节点是由大学的"U"和城镇的"T"两个单词的首字母组合。两侧板块只承受垂直方向的荷载，相互作用，从而将单侧荷载变形控制在最小。

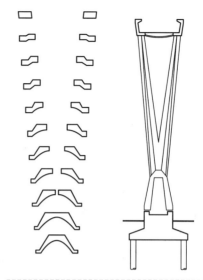

左：变化的V形支柱剖面，最上端厚度为25cm。右：支柱剖面图。

伦敦动物园一直备受欢迎的企鹅池（1933年）。在RC摇篮时代用扭曲的RC薄板设计出如此轻巧的结构，令世界震惊，这是38岁的艾拉普与建筑师德雷克合作的力作，可以说RC的普及推广成就了可称为现代平板先驱的海波因特1号（1935年）。

上祐三（1931~），也在项目中作为艾拉普的得力助手作出了重要贡献。

如何在威尔河上架设这座桥，在相关人员之间引起了很大争论。最终艾拉普方面"大教堂和学生会馆的连线为基准，桥的轴线偏转15度"的方案被采纳了，以会馆大厅"眺望"效果为首要考虑因素的想法是饶为有趣的。

由下方斜向延伸支撑桥桁架的4根手指般的支柱，使得这座桥看起来十分漂亮。支柱上部铰接、下部固定，截面形状是连续变化的，临时模板全部用直板材构成，承受巨大压力的支柱横截面面积基本相同。"像剥了皮的香蕉内侧"那样的底部抛物线曲面、像"托起银盘的侍者手掌"那样的柱头收分、像"胡椒瓶"那样的RC混凝土支柱根部旋转机构和施工方法、摆脱温度应力承受单侧负荷的有趣节点，这一切都浸透着艾拉普的热情和思考。

在适应历史环境的同时，设计者将材料、体系、建筑细部和施工方法进行了创新造型和升华设计，为其新颖度所倾倒并嫉妒的F·坎德拉禁不住大声赞叹："Of Course"（浑然天成！）。

Year		B.C.	A.C.	1000	1600	1800	1900	2000

29 | 预应力钢筋混凝土输水槽

An RC Water Drain Achieved by Prestressing Force

施加预应力的混凝土，70年间持续无渗漏、不开裂，完美的水渠桥。

如同齐步前行的立规般的纤细支柱支撑着阿里奥斯水渠桥（1939年）。感觉不到历经了70年的沧桑岁月，RC曲面外侧竟然找不到任何裂缝和漏痕。

　　从西班牙首都马德里到巴塞罗那，乘坐泰尔戈（Talgo）特快列车约6个小时。刚好位于中间位置的萨拉戈萨，是古阿拉贡王国的都城，现在是西班牙第五大商业城市。罗马时代古斗兽场的遗址和美丽的街道被抛在身后，列车沿着埃布罗河（Ebro）径直北上。

　　距离萨拉戈萨约170km，宽阔、连绵起伏的丘陵那一边可以看到一道白线，这就是阿里奥斯水渠桥。走近看，尽管有些粗糙但完整无损的RC曲面水渠表面没有任何裂缝，也看不到漏水的痕迹。这座桥质朴优雅，长达408m，建于1939年，由于内战中断3年的设计业务成为重新开工后的首要工作，可以认为对于40岁的托罗哈来说这也是得意之作。

给混凝土施加应力

　　高架桥通过圆规状的X形支柱高高支撑在空中，可能囿于当时的RC浇筑能力，水渠的曲面梁以37.8m长为单元进行浇筑。当然，根据支点的位置不同，弯矩的分布和最大值会发生微妙的变化。

Material	石	木	铁	混凝土	玻璃	膜

左：远眺毗邻比利牛斯山脉的水渠桥。右：桥U形断面上端沿RC水渠顶部纵向埋设着施加PS的钢索。在连接水渠顶部的连杆中央，可以看到每隔4.5m设置的PS用花篮螺栓。

| fig.1 |　**轴向、横向面内压力分布图**　　　　　| fig.2 |　**阿里奥斯水渠桥的M图**

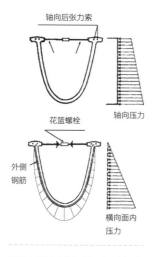

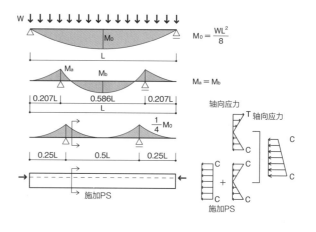

侧壁上端通过拉杆的PS力，被互相拉近，水渠内侧受到压力，并发生弯矩。如同对应的水压大小，底面压力最大。

对于约38m一个区段的梁从哪里进行支撑呢？经过反复讨论，托罗哈选择的支点位置是全长的1/4处，即跨中弯矩为0，断面下端不产生张力。把缆索放入上端两侧的顶部，导入后张力的话，即在考虑自重＋水＋PS的组合时，水渠纵向全截面受压。

　　这里的结构设计要点是通过对水渠曲面的纵向和横向施加预应力进而导入压缩力，以此完全杜绝漏水的发生。首先，在水渠上端的混凝土断面内配置两根钢索并导入后张力；其次，用钢筋（4.5m间距）将U字形水渠顶部对拉，使水渠断面内侧产生压缩力，并用花篮螺栓进行紧固。

　　细部处理和施工方法也充满创意，纵向钢索的端部散开，弯成倒钩状，待混凝土充分硬化后，在两端夹紧的两根钢索间放入小型液压千斤顶，向外顶扩，钢索就被施加上预张力。PS导入后，塞入扩展器，用沙子保护起来，确保应力松弛的情况下可再次导入PS。

　　时值硕果累累的秋季，已经完成使命的水渠里仅有一点点水。水渠超越半个世纪仍在正常使用，凛然姿态中体现着工程师特罗哈的无穷气魄。

30 | 成败取决于如何建造

A Challenge on "How to Construct"

形式本身取决于建造方法。

低成本、高速度、坚固耐用、优雅。皮埃尔·路易吉·奈尔维（P·Nervi）
的设计哲学中存在的"力量"。

右、左上：罗马小体育馆（1957年），穹顶直径61m。左下：都灵劳动者宫殿（国际劳动者大厅）（1960年）。支撑40m见方大铁伞
的16根高20m RC变截面柱。"十"→"●"的变化与东京晴空塔有相通之处（▲→●）。

　　悬挑屋顶是令人心动的结构造型，无论从视觉还是力学的角度，都充满简洁和紧张感。通
过抵抗重力实现升腾和飘逸的形态，如此雄壮和豪迈，犹如野生动物跳跃时优美的身姿。首次
尝试通过RC实现的是佛罗伦萨体育场，当时奈尔维41岁，这一力作对于这个新崛起的RC技术
人员来说，大大提升了其在意大利建筑界乃至世界近代建筑师中的知名度。距支点约20m强力
延伸、轻快的立体轮廓，开拓了结构体所具有的造型性，作为里程碑得到很高的评价。

　　佛罗伦萨体育场竣工后仅3年，现浇RC的第2个杰作——托罗哈的马德里赛马场也竣工
了。与此同时，突破RC固有形态的创新技术在美学领域也得到了高度的评价。

　　然而最令人感动的是年轻的奈尔维没有沉迷于周围的赞美，他注意到凭感觉将结构问题和
美学目标联系在一起是毫无意义的，"正确地建造"成为奈尔维设计哲学的根基。

Material	石	木	铁	混凝土	玻璃	膜

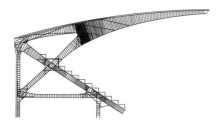

奈尔维成名之作佛罗伦萨体育场（1932年）。动态剖面使人联想到动物肢体。

佛罗伦萨体育场观众席外围的RC螺旋楼梯。

从佛罗伦萨体育场观众席上的支点悬挑出的17m长度的RC屋顶形成充满跃动感的空间造型，超越时代，使观者陶醉。形成对比的是之后邻接建造的钢结构屋顶让人感到乏味。

| fig.1 |　**立体PCa单元**

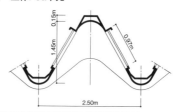

都灵展示大厅（1949年）。这个大厅（跨度95m，长75m，高度18m）采用立体PCa单元，是确立战后奈尔维地位的工程，分布于外周支点部位的拱的轴向力的处理十分漂亮，与罗马小体育馆的设计有异曲同工之处。

独特的施工技术

　　与托罗哈不同，奈尔维的特点归纳起来就是特别注重设计和施工的紧密关系。从当时普遍的设计竞标条件来看，"造价要低、工期要短"，与巴多利（Bartoli）共同经营的施工公司从规划设计阶段就参与进来，并且，正是该空间构成的视觉表现力、三维结构的合理性及独特的施工技术的结合这几方面值得关注。

　　佛罗伦萨体育场建成17年后，由无数RC单元组成的雄伟波浪形圆筒壳体的都灵展示大厅诞生了。采用预制混凝土构件（PCa）和钢丝网复合砂浆构成的穹顶，在罗马奥林匹克运动会大大小小的体育馆中得到大量应用，所有这些结构直接转换为建筑外轮廓的手法十分精湛。同样，都灵建造的国际劳动博览会大厅工程上，巨大的RC支柱和大铁伞组成的静定结构同时施工，成功地用明快的结构表现了雄伟的空间构成。

　　正如奈尔维所说的那样："特殊施工方法是自始至终要强调的语言"。

31 | 飞舞飘落的RC薄壳花瓣

Landed Flying RC Shell

活跃期仅10年，从西班牙到墨西哥，在建筑界刮起激情的旋风、坎德拉（Félix Candala）优雅的HP曲面世界。

左：洛斯曼缇阿斯餐厅（霍奇米尔科，1957年）。不光自认也被公认是坎德拉的最高杰作。飞舞飘落的RC薄壳（跨度30m）厚仅4～12cm，极致轻薄。右：在"技术之艺术展"（蓬皮杜中心，1999年）展出的多层模型。

坎德拉宛如一阵轻风，被比喻为"空间的魔术师"、"冒险的建筑师"的他，从真正意义上讲，其展露才华是从40岁到50岁的短短十年间，前无古人后无来者，犹如疾风般飞驰的人生轨迹，不断激起让人耳目一新的冲击波。

年轻时候的坎德拉是全能体育爱好者，大学时代，他率领的橄榄球队就在国内获得过冠军，同时他也是国内滑雪冠军、田径选手、登山家，超人的毅力和体魄、热情奔放的性格，将他的人生推向波澜壮阔。

HP曲面世界

为了获得海外奖学金，学习当时开始兴起的薄壳理论，坎德拉立志到德国留学，不巧却卷入了当时的西班牙内乱，一帆风顺的命运发生了很大的波折，从收容所逃出来来到墨西哥的坎德拉已经30岁。

| Material | 石 | 木 | 铁 | 混凝土 | 玻璃 | 膜 |

从西班牙来到墨西哥定居后，在首次设计施工总承包的维尔根·米拉格罗萨（virgen milagrosa）教会（1853年）工程中，首次采用了HP薄壳，其建筑形态使世界震惊，看上去极为复杂的建筑形态，其内部空间构成却意外地简洁。

圣维圣德·德·保罗礼拜堂（1959年）。3个HP薄壳体相互倚靠的造型，看似绿色树林中放置的修女戴的白帽。浇筑顶棚上，直线形板的痕迹证明了其为线织面。

与代代木奥林匹克运动场几乎同一时期设计的东京圣玛利亚大教堂（1965年）是丹下/坪井的代表作之一。8个RC HP薄壳构成内部空间极具象征性，光看外表很难想象。

　　此后的10年，他一边从事建筑业工作，一边埋头读书，并自学薄膜理论，受R·马亚尔设计理念和活动的鼓舞，对壳体的关注逐渐转向双曲线领域，并锁定了这个焦点。

　　喜欢鞍形曲面（即HP类非穹顶曲面）的人中还有意大利籍的巴罗尼亚及卡塔拉诺（valon catalano），不过没有看到过他们的实施案例。虽然解析和施工看似比较简单，但普遍认为深受西班牙该领域先驱者A·高迪及E·托罗哈的影响。

　　即便这样，坎德拉的薄壳为何能如此轻薄呢？例如，百加得罐头工厂（1959年），与刚建成4年的圣路易斯机场相比，无交叉拱自由边界"造型"之优雅一目了然。而且F·奥托（otto）将霍奇米尔科餐厅的波浪形薄壳类比为自己设计的科隆舞场的膜屋顶，对RC的轻盈极表赞赏。

　　1996年，齐藤裕策划了对坎德拉作品的系列介绍和展示活动，坎德拉本人也期待对日本的访问，会场上众多年轻人翘首以待，但坎德拉最终还是没有露面。一年以后收到了坎德拉的讣告。

Year		B.C.	A.C.	1000	1600	1800	1900	2000

32 | 悬吊曲面

A Sheet of Suspended Cylinder

从覆盖大地的薄壳到空中起舞的悬吊式屋顶，通过悬吊曲面实现向外扩展的大空间。

华盛顿杜勒斯机场（1962年）。依靠重量获得屋顶稳定性的非轻型结构，采取与众不同的手法，支柱穿过屋顶，弯矩的视觉表现大胆而独特。

张拉结构，特别是单一方向的吊挂屋顶（悬吊式屋顶）具有表和里两个面孔、两个课题。

一个课题是从力学的合理性出发形态尽量轻盈，也因此易受风雪影响具有不稳定性。另一个课题是为了抵抗大跨度的张力外围支撑结构不可或缺。

飘浮在空中的1枚屋顶

在这个航站楼项目中，沙里宁针对这些课题是如何解决的呢？首先是大跨度悬吊屋顶的构思，悬垂线通过自重决定纯粹的力学形状，即悬索本身的形态。可是如何抵抗风/雪等外荷载？悬索基本的解决方法有3个：第一，加大悬吊材料的刚性以抵抗弯矩；第二，采用悬索梁（Cable girder）方式，导入预应力；第三，加大屋面板的重量，降低外荷载的影响到最小。在这里采用了第三种方法。

Material	石	木	铁	混凝土	玻璃	膜

中国木材名古屋事业所（2004年）。竞标要求"利用业主的主要产品（住宅用小截面木材），挑战木结构建筑新的可能性"。运用"悬吊、组装、构筑"3个施工方法营造空间，办公室（500m^2）的木结构悬吊屋顶兼作展示厅。在横向排列的方木中穿设悬索，架设在支柱间，就自然形成了一个美丽的悬垂曲面，同时采用钢加强板和一体化厚木曲面板抵抗附加荷载。

 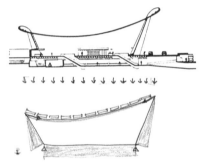

右：华盛顿杜勒斯机场剖面图和飞机图。
左：华盛顿杜勒斯机场候机楼外观。

悬挂玻璃屋顶。德国地方城市建成的两个玻璃屋顶有着极高透明度，应用在公共空间上极富魅力。左：乌尔姆车站前广场顶盖（1993年）。在薄钢板上安装玻璃板，吸收水平推力的高强度房梁由6根V形支柱支撑。右：海尔布隆车站前广场玻璃屋顶（2001年）。玻璃屋顶覆盖市政府经营的轨道交通站和公交车站，采用单向索悬吊，索的水平反力被钢管梁吸收之后，通过3个受压支柱达到相互平衡，上吸风等荷载下的稳定性通过玻璃重量进行平衡。

以下是沙里宁对支撑结构的独特思路：悬吊屋顶端部的巨大水平侧向力（推力）由向外侧倾斜的巨大悬臂柱承担，柱顶穿过屋顶开孔，将屋顶吊起。

虽然在MIT音乐厅和TWA中尝试使用了壳体，但沙里宁不喜欢嵌入地下的朝下形式，他喜欢耶鲁大学冰球场落地拱再次飞向天空的那种气氛。

在大跨度内完结的形态，随着力的流动释放出来向外部扩散，轻盈、鲜明的设计只有沙里宁才能实现。

移动式休息室的构思也独具匠心。如果航站楼规模太大的话，难以采用以前的放射形平面布置方式，此时想到的是移动式休息室。

作为建筑物一部分的小休息室移位，与飞机的入口直接连接。由此带来了机场平面设计的全新变化。

33 | 让日本飞翔的体育场

The Olympic Stadium that Raised up Japan

既要让建筑师理解结构合理性，也要让工程师理解形象美学。现在，这座璀璨辉煌的著名建筑已全面建成。

从明治神宫上空鸟瞰国立代代木体育场（1964年）的大屋顶，就可以理解从若户大桥得到的"吊桥"灵感在这座建筑上所发挥的主导作用。

在东京上空由西望向新宿方面，以东京都厅为中心的超高层建筑群鳞次栉比的建筑风景中，明治神宫的大片森林郁郁葱葱，毗邻的代代木体育场的雄姿令人印象深刻。独特的大屋顶造型自不必说，有两点更是引人注目，其中之一是具有两个主塔的第一体育馆运用吊桥原理建成，并排建设的第二体育馆尽管造型不同，但也可以看出其结构体系与第一体育馆类似，稍有欠缺的是与城市的关系。

被称为旋涡型的两个建筑物与步行街、广场构成了一个整体，引导着原宿和涩谷的人流。步行街东西走向，有着隐藏的轴线，通过主体育场的漩涡中心，垂直东西轴画一根轴线，穿过明治神宫的森林即直达正殿。夕阳西下时，西向轴线上，或能看到富士山的雄姿。

国立代代木体育场的设计正式开始于1962年1月，距离预定竣工日仅剩两年零八个月，要设计并建设如此巨大且划时代的空间，剩余的建设工期之短令人难以置信。

| Material | 石 | 木 | 铁 | 混凝土 | 玻璃 | 膜 |

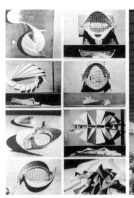

左：基本构思最终阶段保留的几个方案小模型。以左下方案为中心的"规划"瞬间加速。中：由于打开了中央两根主缆索，空间性能和丰富度迅速提升。右：后拉索沿主柱轴线外移，扩大入口空间，出檐深远，加强了造型的阴影。为安装垂直方向的悬吊材料，弯曲的两根主缆索内侧安装了新设计的万向轴节点。

泳池

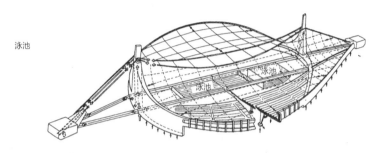

结构体系、建筑节点、考虑施工工艺的综合性结构设计是该建筑的精髓。主要特征可列举如下：①力的流向表现得自然流畅，结构和建筑设计的融合达到相当高的水准；②世界上首次在结构上使用铸钢构件；③张拉结构中第一次引入"半刚性"（semi·rigid）的理念，并在设计中得到灵活运用（第一体育馆）；④世界上首次在大跨度建筑中引入和实践了制震概念（第一体育馆）。

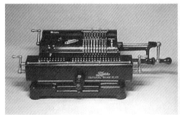

左：20世纪60年代中期，"手摇计算机"与计算尺一样是结构设计中仅有的工具。它培育了人们对自然、灵活的手段和有效数字的关注。中：北卡罗来纳的Raleigh体育场（1953年），这是在建筑界首次问世的悬吊式屋顶作品。右：在容易实现单一空间的大跨度悬吊式屋顶结构中，首次引入波斯拱的耶鲁大学冰球场（1959年）。E·沙里宁特有的强悍得以体现，洗练的设计才华无比精湛。

第二次世界大战结束15年后，成功举办作为国家头等大事的奥林匹克运动会，并借机重新回归国际社会的渴望使每个日本人心潮澎湃，"建造在世界上足以自豪的建筑"的热情空前高涨。

建筑师/结构师的精诚合作

首先从建筑和结构两个团队的基本构思开始造型制作。各自带来许多小模型，以城市和景观、功能和形态、结构和施工为背景进行了深入的探讨，在这一过程中，逐渐开始形成漩涡状建筑"造型"的悬吊方案。

针对城市和建筑，所谓的"即开敞又封闭的空间"、"既包容室内热情，又不固步自封的体育空间"的理念被逐步具象化，空间构成体系被清晰结构化。

克服塔科马海峡吊桥坍塌事故的冲击（1940年），1958年举办的布鲁塞尔世界博览会上展

Year	B.C.	A.C.	1000	1600	1800	1900	2000

| fig.1 | 施工时悬吊钢结构的机理

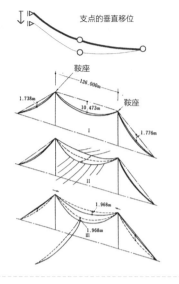

主缆索和看台之间架设的悬吊钢结构是采用三铰机理，施工中缆索产生的巨大晃动（约2m）得到平稳的控制。

| fig.2 | 主缆索制震器

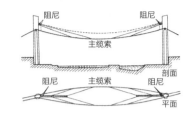

为防备台风，在主缆索上设置了液压阻尼减震器，被称为是全球首个附带制震系统的空间结构。

| fig.3 | 主塔顶部的鞍座

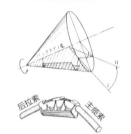

主塔顶部的主缆索固定节点可以移动和旋转

屋顶钢结构施工场景。左：第一体育馆；右：第二体育馆

示了多种多样造型的可能性，提高了建筑师采用悬吊式结构的积极性。即便如此，当时的悬吊结构在结构设计方法和施工方法上都没有经验积累，完全处于摸索状态，今天比较熟悉的大变形和非线性结构解析，在计算机尚未问世仅以手摇和电动计算器为主角的时代是非常困难的。当时设计和施工的实际情况如何呢？川口卫回顾道："如同手持短剑捕猎雄狮，带着那种悲壮感去面对设计"，所谓短剑，恐怕就是对各种各样模型实验和结构设计的洞察力。

丹下研究室的大谷幸夫曾经这样透露过："看着坪井先生和丹下先生讨论的情景，分不清谁是建筑师、谁是结构师，丹下先生往往谈论的是力的传递和对结构方面的建议"，浮现在眼前的既不是支配关系，也不是隶属关系，是彼此平等的协同关系。竣工后50年的今天，在设计上仍不失新颖，并带着持续的永恒魅力，在日本近代建筑中绝无仅有。

| Material | 石 | 木 | 铁 | 混凝土 | 玻璃 | 膜 |

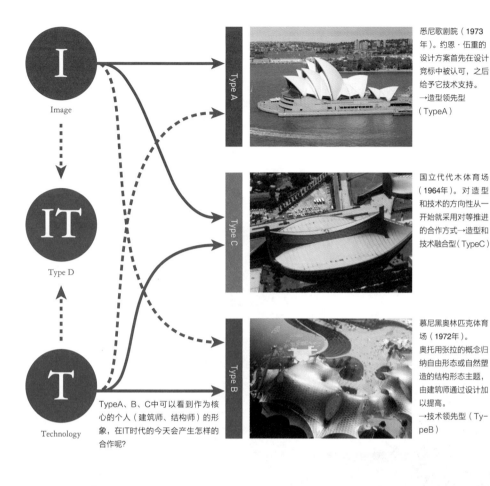

悉尼歌剧院（1973年）。约恩·伍重的设计方案首先在设计竞标中被认可，之后给予它技术支持。
→造型领先型（TypeA）

国立代代木体育场（1964年）。对造型和技术的方向性从一开始就采用对等推进的合作方式→造型和技术融合型（TypeC）

慕尼黑奥林匹克体育场（1972年）。奥托用张拉的概念归纳自由形态或自然塑造的结构形态主题，由建筑师通过设计加以提高。
→技术领先型（TypeB）

Image

IT
Type D

T
Technology

Type A

Type C

Type B

TypeA、B、C中可以看到作为核心的个人（建筑师、结构师）的形象，在IT时代的今天会产生怎样的合作呢？

Close up

两个矢量
造型与技术的融合

什么是"建筑"的创造过程呢？简单地描述就是"将造型和技术这两个矢量尽可能在高水平上进行融合"。

所谓的造型就是"设计什么，应该设计什么"，不仅包括功能、空间、造型等设计者的自由构思，有时也包括规模、工期、成本等规划给予的条件，此外所谓的技术包含着"考虑如何设计，以及支撑实现设计目标的科学、工学、技术"等内容。

两个矢量的融合方法，即一个项目如何进展，依据项目本身的主题性（中心课题是什么）和建筑师的个性不同而不同，在这里设

定了3个类型，即A型以造型优先，通过恰当的技术实现造型；B型就是以成熟的，或者具备开发可能的技术为前提进行设定，运用丰富的感性完成造型；C型是对造型和技术在项目的初期阶段开始共有主题，通过两个矢量的有机融合、触发完成高水平的整合。对于这3个类型的优劣姑且不论。共同期盼的是不仅有展开造型设计的建筑师，也应该有支撑技术的结构师的存在。

譬如，将代表20世纪的著名项目，按3个类型进行罗列的话，可举出以下例子：作为A型（造型领先，以技术为后盾）的悉尼歌剧

院（1993年）；作为B型（技术领先，以造型为后盾）的慕尼黑奥林匹克赛场（1972年）；作为C型（造型和技术的兼和和整合）的代代木奥林匹克体育场（1964年）。由于这些建筑和结构工程师的共同合作，可称之为该时代里程碑的建筑得到了高度的评价。另一方面，在IT时代的今天，有时很难见到技术领域工程师的名字。譬如在北京奥运会出现的"鸟巢"（2008年），没有找到结构设计工程师的名字及相关信息，应称为D型的造型（I）和技术（T）的新关系——"IT"的形态是今后的讨论议题。

34 | 波浪形索网

Waving Cable Nets

被周边自然景观环抱、完全覆盖体育场和广场的有机形态索网悬吊屋顶，是采用计算机解析进行结构设计的先驱。

从瞭望塔俯视慕尼黑奥林匹克体育场（1972年）。屋面材料始终是难题，为应对偶发的风振，曾尝试采用喷射轻质混凝土和木质薄壳饰面，最后的决定因素是电视，为减少录播时的障碍，屋顶需要采用尽可能透明的材料，根据这个要求，屋面板采用了丙烯树脂玻璃，逐年的老化也是个问题。

建在慕尼黑奥林匹克公园中央的瞭望塔始终人气旺盛，乘电梯一口气上到顶层的环廊，与树林、水池、山丘风景融为一体的巨大体育场屋顶一目了然，自然景观和力学造型得到有机融合，每次看到都会有新的惊喜。田径赛场、室内游泳池、室内体育场、连接各设施的道路和广场，被整张凹凸连续、半透明不规则的索网曲面所覆盖，将紧张感、跃动感、浮游感和开放感尽收其中。

"东京奥运会"8年后的1972年，预定在慕尼黑举办奥林匹克运动会，为此组委会在1967年举办了大规模的运动场设计竞赛，审查结果，甘特·班尼奇和H·伊斯勒的小组名列第1位，威沙和弗里茨·莱昂哈特等人的方案位居第3位。虽然基本理念虽然得到了很高的评价，但谁都很清楚在技术上、经济上存在很大问题。

班尼奇请求莱昂哈特的技术团队和F·奥托协作。于是一边在慕尼黑和柏林两地制作为数众多的小模型，一边研究点支撑屋顶的方案。

Material	石	木	铁	混凝土	玻璃	膜

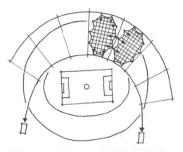

左上：主体育场全景，右上：主缆索和结构理念。左下：悬吊游泳馆屋顶的巨大立柱。右下：覆盖主看台的索网悬吊屋顶。为获得稳定的形态，利用支柱形成"曲率"。

Archineering Design Guide Book

| fig.1 | 运动场屋顶的结构体系

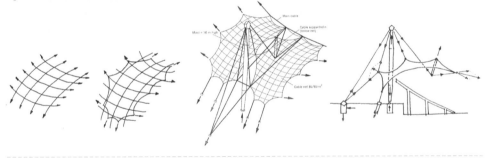

左：基本概念。中：立体的力的传递。右：断面的平衡

首次应用计算机解析

在当时，索网悬吊屋顶的解析和设计是以IL（轻质结构研究所）的F·奥托小组开发的模型实验为主力。为决定应力、变形和形状，制造了精密的钢丝模型。

当时计算机还未普及。可是，难道真的就没有办法了吗？为此，F·奥托访问了航空领域的约翰·H·阿格利斯教授，询问了高次方程解析的可能性，并得到强有力的回答"yes"。利用计算机进行索网解析是初次尝试，勉强赶上了体育馆的应用，很难说设计精度得到了明显提高。

湖沼密布、绿色环绕，奥林匹克公园成为市民日常休憩的场所

Year		B.C.	A.C.	1000	1600	1800	1900	2000

35 | 循环再生的优秀设计

Recyclable Good Design

冬天折叠收藏、天暖搭设重现的临时建筑"科隆舞台",在继承中更新发扬的可持续建筑。

科隆舞台是作为轻质结构旗手闻名天下的F・奥托最早且最大的杰作之一,问世于1957年,巧合的是同一年,F・坎德拉的RC壳体也如白色花瓣飘落在霍奇米尔科。

　　漫步前行,背后是德国屈指可数的大教堂——科隆大教堂,跨过多瑙河后,左边就是曾经举办过联邦博览会(1957年)的宽广纪念公园,绿色树林背景中,建成的"舞台"宛如白云般轻盈地飘浮在空中。

　　痴迷于罗利体育场(1951年)的F・奥托,最初跨入轻质结构领域时才33岁,该项目作为其代表作之一,至今仍然受到很高的评价。对形态和结构理论关系的处理方式,造型表现和功能实用性的协调手法精湛出色,丝毫没有老旧的感觉。

　　直径33m的波浪式星形膜屋顶,覆盖在浮于直径60m圆水池中的混凝土圆形舞台(直径24m)上空。以中央索环(直径6m)作为起点,分别设置6根连接低点的谷索和6根连接高点的脊索,与周圈边索一起限定膜曲面的边界。利用对称性,膜的裁剪方式是在1/12石膏模型上决定的。

Material	石	木	铁	混凝土	玻璃	膜

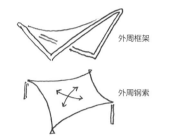

| fig.1 | 极小曲面的原理/等张力曲面的原理

外周框架

下压

上拉

外周钢索

P

T=PR

R

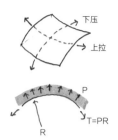

左：使用铁丝和线组合的"框架"，就可以做成各种各样不可思议的自然形状。皂膜（soap film）实验不仅孩子们喜欢，大人们也乐在其中。右：肥皂水的表面张力虽然小，但并不是零，可以起到让膜表面积最小化的作用，这时的势能也称为表面能。
肥皂泡之所以成为球形是因为被密闭在里面的空气在体积恒定的情况下，表面积被压缩到最小的结果，在立体框架的情况下，称作最小曲面，平均曲率在任何位置都是0。可以认为鞍形曲面是具有上下相反的2个相同曲率的张力曲线的平衡形状，这也是等张力曲面张拉膜结构的起点。

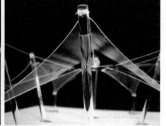

左：高、低各6个支点生成的膜曲面覆盖着的舞台模型

科隆舞台夜景。

右：在支点间拉上线，浸上肥皂液，美丽的薄膜曲面瞬间呈现。

左：澳大利亚乌拉拉沙漠中，沙漠之帆帐篷群。中：伦敦市内广场上集会临时帐篷。右：诱人的"游艇之帆"造型，矗立在葛西水族馆的张拉膜。

循环再生的设计

高约10m的桅杆采用3根φ35×5mm规格的钢管制作而成，十分纤巧，桅杆顶部5根钢索交汇节点的处理也别具匠心。

冬天为了避免积雪，膜屋顶将被折叠收存。令人吃惊的是这个小临时建筑是按原创设计持续进行复制更新的，膜材是聚氯乙烯涂层的聚酯织物膜材，不具有聚四氟乙烯膜材那样的耐久性，需要根据老化情况进行定期更换。

杰出的设计弥补了天然材料的弱点，或者说为传承出色的设计而进行必要的代谢，这可以认为是一种可持续建筑。"伊势神宫"式年迁宫（异地复建）的理念和"舞场"不谋而合。

每20年一次的伊势神宫异地复建，第62次是2013年。

Year		B.C.	A.C.	1000	1600	1800	1900	2000

36 | 海面上熠熠生辉的白帆

White Sail Shining of the Sea

如何实现手绘曲线所赋予的几何曲面？用天才的灵感攻克难题，伍重的悲壮之举。

环抱悉尼湾的歌剧院（1973年）和海湾大桥。（©伊泽岬）

　　与里约热内卢和香港比肩、被称为世界三大美港之一的悉尼湾有着别具一格的美丽。杰克逊港左右两岸拥有无数海湾和岬角，围绕深湾的绿色山丘上点缀着家家户户的红色屋顶，蓝色的海洋前方是高层建筑群和世界最大的海湾大桥，在自然和人工交相辉映的风景中，矗立着歌剧院"熠熠生辉的白帆"。

　　歌剧院有着非同寻常的外观，观赏地点不同，韵味各异。但是，只有在附近环形码头登上游船，才能真正感受到伍重赋予该建筑诗一般的意境。阳光在白色瓷砖曲面上跳跃，在炫目的反射光中，歌剧院展现出别样容颜。因为大面积玻璃幕墙开口而前端显得越发锐利的贝壳群，瞬间前后交错重叠，犹如翻滚的"波浪"，悉尼塔洒脱的剪影由歌剧院后方缓缓升起。不久，船到达对岸的塔龙加动物园，那一刻，所有人都倾倒在建筑师设计竞标时描绘的波与帆的理念及其与周边环境水乳交融的精彩标志性中。

Material	石	木	铁	混凝土	玻璃	膜

J·伍重最初的构思草图和模型

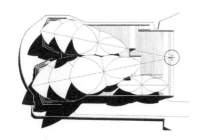

1959年开工典礼当天，在大、小剧场轴线交点上安置了青铜制圆盘。安放圆盘的是该州政府首相卡尔，他对歌剧院梦寐以求，也是最理解伍重的人，不幸的是他在开工典礼8个月后就抱憾病逝。

进行了很大设计变更的音乐厅内部。以山毛榉树林为造型的活动屋顶大厅与贝壳断面相协调，独创性剧场空间倾注了伍重的精神和灵魂，效果相当梦幻。

黄昏，五光十色、灯光通明的歌剧院使人流连忘返，激发着人们享受夜晚演出和美食的渴望。宽大通透的玻璃幕墙外灯光辉煌。此时此刻，不仅是别致的外观，整个建筑都充满了非凡的魅力。

折服世界的贝壳造型

1957年1月，世界建筑界被深深震憾，悉尼歌剧院国际设计竞标入选方案远远超出了人们的想象力。当时籍籍无名的建筑师伍重大胆的空间构成和美丽轮廓让全世界震惊，参加竞标的日本建筑师们也甘拜下风，其方案彻底打破了现代建筑底层架空柱上混凝土/玻璃构成四方盒子的千篇一律的样式，"诗一般的力量"，毫无疑问完全征服了4个评委。但同时，许多人对其"技术上的可行性"和"可实施性"（工期、成本等）抱有疑问也是事实。

从20世纪30年代开始发展起来的薄壁壳体结构在20世纪50年代迎来了黄金时代，爱德华·托罗哈、皮埃尔·鲁基·奈尔维、坎德拉等的作品相继问世。

Year		B.C.	A.C.	1000	1600	1800	1900	2000

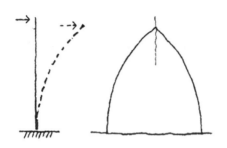

设计竞标方案的手绘曲线（右）来自于细棒的挠度曲线（左）。

儿童在摆弄球面壳体分割块（2010年、仙台媒体中心AND展览会）

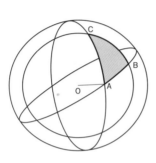

左：如何实现壳体？是"蛋壳般"的整体RC，还是"扇子"般的肋状结构呢？这是最初的难题。中：一举解决了第二个难题的球面几何模型。右：伍重的女儿琳·伍重将伍重"将所有曲面从单一球面切割出来"的灵感制作成青铜模型，1993年赠送给悉尼歌剧院，展示在歌剧院入口处。

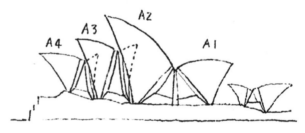

将整体分成3个部分，通过侧壳达到稳定；施工不采用钢结构框架+喷射混凝土的方式，而是采用同一曲率三角形带肋拱集合体预制曲面；最后施加预应力形成连续薄壳体。这3个决定使一筹莫展的结构设计被大大向前推进。

　　如同当时的很多建筑师，伍重也是在1956年构思了设计竞标方案，他认为鸡蛋壳般的造型采用朴素的现浇混凝土就可以实现，可是，结构工程师奥布·阿拉普（Ove Arup）没有明确表态，所以当时现浇混凝土壳体方案是存在疑问的。

　　1958年手绘曲线的竞标方案外形是使用抛物线的优美几何学曲面，尽管有RC壳体世界权威詹金斯（Jenkins），但结果并不理想。经过数年艰苦的理论分析和模型实验，提出了双壳体和百叶窗式墙体两个方案，然后将负责工作交接给J·兹悬特，方案的可行性首先取决于整体结构的稳定性和肋拱的可预制化，可是从几何学性质上看，结构依然不存在重复性，构件的预制化和瓷砖合理粘贴的标准化问题依然没能得到解决，此时，从设计开始已经过去了4年半，绝望而沉重的气氛渐渐开始左右两个团队。

Material	石	木	铁	混凝土	玻璃	膜

竣工约半年后的现场，从基座仰望锐利的屋顶侧面。（摄影于1972年）

虽说与最初的设计草图略有不同，反射着盛夏阳光而时时变化的贝壳群的表情，仍然使人流连忘返。

左：沙里宁设计的麻省理工学院克雷斯吉礼堂（1955年），通过对球壳的裁切，实现了3点支撑的RC壳体。右：从克雷斯吉礼堂几何造型中摆脱出来，建造了富有雕塑感的纽约环球航空公司（TWA）航站楼（1962年），据说这是他在悉尼歌剧院担任评审委员会委员长期间的作品。

可否从1个曲面上切割出来？

1961年夏季的某天，伍重的脑海中浮现出一个想法：如果大、中、小壳体的曲率没有很大差异的话，能否切出共通的曲面呢？要做到这一点的话，曲率必须在所有方向相同，"曲率全部相同的曲面是什么？那是球！"意识到这一点的伍重兴奋得跳了起来。

此后，经过3年的施工图设计，6年后的1967年上部结构、壳体屋顶、外装饰面板等施工完成。在之前一年，对大、小厅的实现充满热情的伍重已经辞职离开了悉尼，富有独创性的活动大厅也化为泡影，伍重的身影也没有出现在1973年迎接伊丽莎白女王的华丽开幕式上。

光阴荏苒，30年后的2004年，伍重获得了普利兹克建筑奖，2007年"悉尼歌剧院"入选世界文化遗产，翌年对此引以为自豪的、清寂孤高的建筑师离开了人世。

37 柔性格构式薄壳应运而生

Soft and Flexible Lattice Shells

将5cm的方木交叉，并顶升中央部位，部材在自重作用下生成优雅的挠度曲线空间。

曼海姆多功能厅（1975年）。在地面组装柔性木格，通过顶升中央部位，部材自然弯曲形成穹顶曲面，剩下的工作仅是固定外周边界而已。

斯图加特以北约100km的曼海姆市，车站前新奇的索梁式有轨电车轻快地在林荫街道间穿行。周遭环绕高低起伏草坪的建筑物配有多功能厅，由此进入迷宫般的巨大穹顶空间。构成60m跨度大厅立体木格的方木仅5cm见方，空间、造型、结构交相融合在一起，仿若不可思议的交响曲，给观众以惊喜和陶醉。

格构式壳体的诞生

毕业于柏林工科大学的F·奥托来到美国，师从赖特、沙里宁、路德维希·密斯、埃姆斯等。出于对罗利体育场（1953年）设计的痴迷，致力于研究"悬吊结构"的奥托在1954年取得了"悬吊结构"博士学位，他对帐篷（张拉膜）和索网结构研发投入热情的同时，也很早就培养了对格构式壳体的兴趣。

Material	石	木	铁	混凝土	玻璃	膜

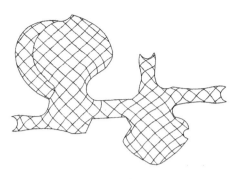

这是集奥托20年研究大成的项目。屋顶面积4700m²，最大跨度60m，复杂的曲面形状和构件长度根据索网的反吊实验和推算决定。

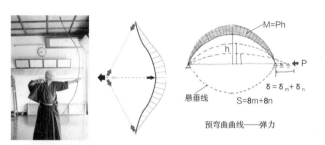

格构壳体的基本原理在于"预弯曲"。初期形状从细长部件的挠度曲线（弹力）获得，不过对附加荷载需要留有余量，即在自重下尽可能保持弹性，同时能有效抵抗风和雪，这与部件长度、断面形状和材料特性密切相关。

雪荷载下，细幼的小树弯曲倒伏，太阳升起融雪落下，小树又恢复挺拔（于TOMAMU）。

Hybrid穹顶（1990年）。左：将经过预弯曲的薄板形成的格状部材进行纵横四层的重叠，交点处用锚栓连接。中：穹顶内流淌着格伦米勒乐队华丽的乐章。也许是因为格状部材和喇叭形曲面膜面凹凸起伏的缘故，音响效果出奇的好。右：格梁间隔为60cm，每隔3m配置的撑杆顶部，安装了市面常见的沙拉用器皿，膜曲面顶部张力得到平滑过渡。

　　最初，出现在1967年蒙特利尔博览会上毗邻西德馆的跨度20m和17m的两个格构式壳体成功吸引了人们的目光，随后在1969年与阿基格拉姆集团合作的"蒙特卡洛方案"中看到的对有机自由曲面的挑战，很明显与后续的"曼海姆"密切相关。

　　格状部材（5cm×5cm）的间距是50cm，将叠起的格梁在地面展开，然后从穹顶内部顶升，构件由于自重下挠，描摹出自然的曲线，将立起的穹顶脚部固定之后，4层格梁由螺栓和弹簧垫圈（3件）连成整体。

　　格构壳体结构应解决的问题有两个：第一个是自重状态下的预弯曲问题；第2个是附加荷载（风/雪/地震）时的屈曲问题。无论哪个问题都与材料特性、规模、曲率、截面刚性和应力（轴向力、弯矩）、变形（挠度）有着微妙的关系，超长的部材如何制作？部件的扭转如何吸收？看上去优雅的结构系统其实非常棘手和深奥，向曼海姆未知结构设计发起挑战的是熟悉OAP的E·Happold和他的同事们。格构壳体想要作为永久性建筑而非临时设施在日本实现是非常困难的，在"曼海姆"完工15年后，由远藤精一等建设的"Hybrid穹顶（1990年）"是日本唯一的尝试。

38 | 追求 "轻" 到极致

Pursuing Natural Lightness

从F·奥托开始的以"自然结构"为目标的针对轻质建筑的研究超越了时代，一直延续至今。

从法兰克福沿高速公路向东行驶约2个小时，登上古都维尔茨堡郊外的绿色山冈，医院大楼分散布置在缓坡上，可以看见楼与楼之间连接的波状透明膜壳，这是雷恩诊所的玻璃屋顶（2000年），桅杆最高12m。展现在眼前的空间十分美好，小溪潺潺，舒适宜人。

从斯图加特中央车站乘坐市营电车行驶约30分钟，即到达法伊英根工科大学，F·奥托1964年创建的活动据点——IL（轻质结构研究所）就在校园内。奥托的国际性活动持续了约30年，奥托引退后，留下的研究所由弗雷·奥托和J·施莱希共同推荐的新馆长维尔纳·索贝克继承，研究所新的名字是ILEK（Institut Fur Leichtbau Entwerfen und Konstruieren），以环境和结构为中心，主题方向是轻质建筑。在这里首先介绍IL的活动。

"自然与结构"的发展方向

F·奥托的语言中，经常出现"Nature"，"自然的结构"正是他的基本理念。自然环境、生态学和建筑，与轻质结构间有着怎样的特别关联呢？站在保护地球有限资源的立场，必须创造出以最少的材料实现最大限度的力的传递的新型轻质建筑结构，这就是F·奥托的出发点。

Material	石	木	铁	混凝土	玻璃	膜	

对轻质结构研究所（IL，1966年）不知访问了多少次，这里曾经有奥托操作形态测量设备的身影；二层会客间，曾有来自世界各地的年轻设计师们聚会畅谈；一层大厅，专家们经常在这里举行研讨会。期望这种热情不管以何种形式，能被后世继承和发扬。

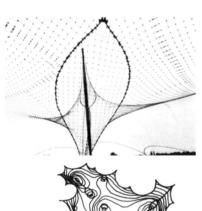

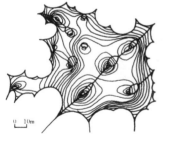

蒙特利尔世博会西德馆。悬吊着由等格索网组成的整张连续膜曲面。

上：屋顶使用的不是膜材，而是索网和玻璃单元，建筑细部实在令人惊叹：玻璃面板（500mm×500mm，t=4+2）彼此没有任何连接，而是按照"木板瓦屋顶"的铺设原理，用简单而巧妙的不锈钢夹固定。下：雷恩屋顶细部。

20世纪50年代，奥托将各种形式的张拉膜推向世界，并因1967年蒙特利尔世博会西德馆在世界上一举成名。从膜结构转变到利用极小曲面实现大空间索网结构，构思新颖，表现力丰富而优美，人们惊叹之余，啧啧赞美。

在那个时代，全部设计工作的主角是"模型"，采用肥皂膜、网状布、钢丝网，研究曲面几何形态，在一年不到的时间中，实施设计、制作、施工并取得成功，其能力令人惊叹。

结构体系和施工工法试验楼建于1966年，此后提供给奥托丰特的IL项目，该设施至今仍在使用，从这里不断向外传递的热点信息激励了一代又一代人。奥托去世以后，作为指定接班人的维尔纳·索贝克对幕墙建筑和环境建筑有着出色的远见和非同寻常的才能，今后对他的期待也会越来越高。

Year		B.C.	A.C.	1000	1600	1800	1900	2000

39 | 重生于玻璃壳体的博物馆

The Old Museum Revived by Glass Shell

用平板玻璃实现自由曲面玻璃屋顶，施莱希的巧妙设计创造出魅力四射的半户外空间。

汉堡历史博物馆（1989年）。成本、透明性及有机形态，作为满足全部上述条件的玻璃屋顶，施莱希构思的创新性格构壳体空前绝后。艺术性的节点极其凝练，给予博物馆再生的力量。

建于汉堡市中心的历史博物馆（1923年）用玻璃屋顶覆盖中庭的改造计划开始了，目标设计主题有哪些呢？

（1）有机造型平滑覆盖L形平面（两侧的宽度分别为14m和18m）；

（2）曲面玻璃屋顶不需要二次构件；

（3）轻质结构，最大程度减少对现有建筑的影响；

（4）构件和节点制造、施工需相对容易；

（5）刚度足够，能承受积雪（非对称）荷载。

用玻璃制作自由曲面的要点

一句话来概括就是要实现合理的自由曲面透明建筑，从建筑师马克提供的1张草图可领会施莱希的构想概要如下：

Material	石	木	铁	混凝土	玻璃	膜

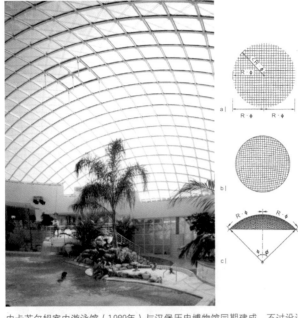

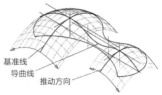

基准线
导曲线
推动方向

柏林动物园河马园（1997年）：初次看到这个21m和29m两个圆形平面相连的建筑时，很难理解这个不规则有机形态出自极为简单的几何曲面，让一个基准曲面沿着导曲线移动所产生的所谓推动曲面包含无数个小四角形平面，可通过菱形玻璃面板堆积而成，这个系统被称之为"Shobertrick"，这种有趣的玻璃穹顶在河马园进行了首次应用。

内卡苏尔姆室内游泳馆（1989年）与汉堡历史博物馆同期建成，不过设计稍早些开始。施莱希面对项目有自己的热情和考量，有趣的是该构思的原点是一个小小的"滤网"（Kitchen Sieve）。构思的要点如下：第1，20世纪工程师所忽略的铁和玻璃初期纤细而华丽的设计；第2，如果全部构件标准化，就会推动技术普及，进而降低造价；第3，将索斜交就能获得有效的刚度，抗压穹顶和张拉索网的结合，创作出前所未闻的新型混合结构。

现场的荷载实验非常有趣，构件组装花了两个月，在镶嵌玻璃单元之前，为了确认非对称荷载下钢索的张拉效果，加载了装满水的水箱。对角钢索的效果一目了然，尽管格状穹顶产生了巨大变形，一旦置入对角钢索就被牢牢控制了。尽管施莱希对"内卡苏尔姆室内游泳馆外观不尽如人意"稍感遗憾，但参观者还是被室内空间的惊人透明感所折服。

"滤网"由等间隔网格制成，其曲面构成是格构壳体构想的起点。

（1）在L形平面相交部嵌入连接两翼筒形曲面的相同曲率推动曲面，构成肥皂泡一样的一体化连续曲面。

（2）在钢板格格单元上，被橡胶夹紧的玻璃单元由电脑进行制作，用交点位置的垫板和螺栓固定，从通常由支撑构件和玻璃固定框构成的普通双层玻璃屋顶的沉重设计中解放出来。

（3）开发在单层双向方格上组合斜向索的超轻质壳体（穹顶）。

（4）在接合部平板构件（60×40）中央插入1枚螺栓，形成平面内自由旋转的等间隔网格。

（5）为应对单层曲面结构最不利的积雪荷载下失稳问题，安装了3组扇形蛛状索网，其巧妙设计的节点本身就是一个艺术品。

汉堡从北海沿易北河上溯约110km，是位列柏林之后的第二大城市，这里是德国最靠北的地区，其冬天的严寒可想而知。在秋季晴朗的午后，来到历史博物馆访问，透明的中庭映着湛蓝宽广的天空，当时馆长先生的感慨令我难以忘怀："玻璃穹屋不仅拓宽了博物馆展示空间，而且创造出有机动线，使用起来极为便利，并且更令人高兴的是越来越多的游人乐于享受惬意的半户外空间，来访者全年络绎不绝"。

40 | 从框架中解放出来的玻璃

Glass Facade Released from Frames

强风来袭时产生张力和挠度，利用变形来抵抗外力。单纯的力学所实现的巨幅轻质玻璃幕墙。

慕尼黑机场凯宾斯基饭店玻璃幕墙（1993年）。与当时建筑界主流的P·赖斯的拉维列特公园点式玻璃系统（Dot Pointed Glazing）相比，极其大胆的"无孔玻璃"＋"索网"构法的创新设计为世界所震惊。

故事始于慕尼黑凯宾斯基饭店规划阶段与赫尔穆特·扬的对活。那一天是中庭大跨度屋顶结构咨询会，施莱希眼睛停留在普通桁架结构玻璃立面前："只是屋顶设计得很精彩，而如此重要的玻璃正立面乏善可陈，这样恐怕不太好吧？全部用索网连接如何？"，施莱希这个建议之大胆，如果了解当时人们对赖斯设计的拉维列特公园索桁架（1986年）的热议的话，大体能够想象得到。

即像张拉桁架和索网曲面那样，只用在结构上没有矢高的直线缆索抵御强风。扬立刻叫了起来"Great——is it work？yes！"

索网玻璃幕墙

对施莱希来说虽然也是很大的挑战，但多少还是有一些自信的，因为他有在慕尼黑奥林匹克公园滑冰场（1986年）外周立面使用直线钢索的设计经验。

Material	石	木	铁	混凝土	玻璃	膜

CG描绘的"风中金蛛之巢"（P·赖斯和W·林的共同研究）。网球的球拍也是如此，纤细而结实的张力弦以自我变形来抵抗风等外界荷载。

| fig.1 | **PS效果——非线性形状**

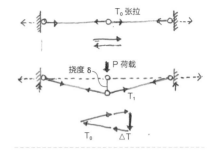

直线钢索的挠度大小，取决于预先导入的预应力值。马戏团的高空走钢丝和蹦床也是基于相同的原理。

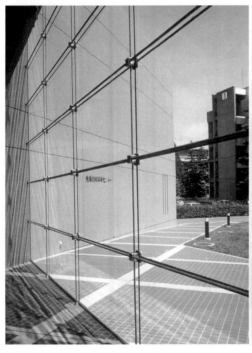

日本大学尖端材料科学中心（1995年）。"为了将前庭的高大楠木借景引入中庭，玻璃外立面尽可能设计成高透明度"，设计者的强烈愿望，促使了首次"索网+MJG构法"在日本的实现。很幸运已经预设了能够承受固定缆索巨大张力的RC入口侧墙。玻璃角部用钢板夹住，4块玻璃共用1个螺栓固定即可。对横（主）缆索和纵（辅）缆索的预应力（PS）的导入是采用千斤顶（横）和张拉锚栓（纵）的方式，操作极其简单。

　　站在酒店南侧透视整座建筑，两个巨大幕墙的距离感消失了，甚至感觉不到玻璃幕墙（25m×40m）的存在。仿若蛛网和网球拍弦的索（ϕ22）网格（1.5m×1.5m）间的玻璃单元镶嵌在四角的钢板中，在开孔方式盛行的当时，这个简单的"无孔"构思是相当卓越的。利用两侧墙体在水平钢索中导入8·5tf的预应力，在强风时将产生16·5tf的张力和90cm的挠度，虽然是通过变形抵抗外力这样简单的力学方法，实际设计中无疑需要深邃的洞察力和周密而细致的准备。

　　"技术的演化"在任何时代都需要注意，从西欧到日本，玻璃构法大致相同，在"日本大学尖端材料科学中心"中，不仅要应对强风荷载，而且需要考虑地震时的变形自适应性。一段时间后，众多此前集中于DPG的人士开始关注"无孔玻璃构法"（MJG），玻璃和支撑结构节点一体化的新MJG构法也初见端倪。

| Year | | B.C. | A.C. | 1000 | 1600 | 1800 | 1900 | 2000 |

41 魔法曲线梁

Magical Ring Girder

圆弧生动有力，轻快飘逸的凯尔海姆（Kelheim）步行桥。工程技术提升了古老街道的美景，相得益彰。

凯尔海姆步行桥（1987年）。设计竞赛是在1981年，独特的引桥明显有别于其他桥，其与古老街道协调的美丽造型、创新的结构体系得到了高度的评价。由于全部结构要素是三维的，尽管这个结构系统被称为"自锚式斜拉桥"，但其力学机理确实不是那么容易理解。

慕尼黑北部小城凯尔海姆是一座得到很好保护的历史名城，流经该市的阿尔特米尔河创造了牧歌般的美丽河川风景。1981年，由于航路拓宽，该河成了莱茵河—美因河—多瑙河运河的一部分，参与横跨该河步行桥设计竞标的建筑师阿科尔曼和施莱希团队的目标是明确的：能够体现古老街道与崭新运河文化碰撞的轻巧高科技结构，如何将这个概念具象化呢？

让RC在河面上方轻松漂浮

因为桥的建设先于运河，搭设支撑结构现浇PC（预应力混凝土）梁是经济的，用两根桅杆支撑的斜拉桥，只要将沿河坡道折成90°延伸至河道中央相交即可，可是施莱希心有不甘，弯曲点能否设计得尽量平滑呢？

Material	石	木	铁	混凝土	玻璃	膜

环形梁

环形梁（曲线梁）无论是造型还是结构都相当有趣。这里所谓的曲线梁是指平面投影是圆形或圆弧的梁，梁的一侧如吊桥形式或斜拉形式吊起。

薄桥面的直线桥需要2列支点，不过，曲线桥有1列柱子支撑就可以。从这个基本原理出发，想象平面拱形梁的上皮和下皮，上皮张拉（T）、下皮压缩（C）的环形轴力，在圆弧的法线方向分别形成了向内/向外的内力。这个内力形成一对抵抗弯矩

（M2=Pc・d=Pt・d）与转动弯矩Ml相平衡。这就是自重和均布荷载下曲线梁的基本受力状态。德国博物馆的"玻璃桥"中，在抗压环上安装了1根钢管，张拉环上安装了3根钢索。

耸立在弯曲桥面外侧的主塔延伸出主索悬吊着圆弧桥的内侧。

| fig.1 | **曲线梁的应力和稳定性**

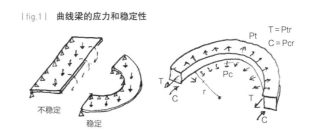

不稳定

稳定

左：直线梁和曲线梁　右：曲线梁自重下的应力

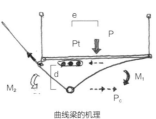

曲线梁的机理

凯尔海姆步行桥方案有着创新型结构体系。主塔和曲线梁有机组合，此后各种各样的演化都是在此基础上展开。上图是慕尼黑德国博物馆中的"玻璃桥"（总长27m），为了让市民们容易理解与此相关的基本原理，特别制作了1：1的结构模型，成为出色的艺术品，在这里也称之为"索的特技"，透过玻璃地板可以观察到不可思议的立体平衡和洗练的全部建筑细部。此外，在桥上行走时产生的振动、支柱承受的垂直力被显示在眼前的屏幕上，成为每个人都可以体验学习的实验模型。以成为技术大国作为目标的日本应该有这样的能切身感触"技术"的博物馆。

　　某天晚间施莱希在家里反复构思勾画草图时，施莱希的儿子麦克（当时是苏黎世工科大学研究生）问："为什么不把圆弧吊起来呢？"，施莱希茅塞顿开，概念瞬间蜕变为造型，理念通过工程技术的力量得到飞跃。

　　将两岸街道平缓连接的圆弧虽然是RC，但完全没有重量感，圆弧外侧的两个主塔支撑着主索，吊索沿着桥面内侧进行布置，步行桥横跨距离约60m，但由于桥面本身是弯曲的，实际长度更长。走在桥上有着格外特别的舒畅感。

　　设计过程中，要求主塔高度不得超过凯尔海姆历史建筑物，结果最终高度比原方案降低了4m，导致后拉索变粗，塔顶部变得短粗。尽管施莱希对此略有遗憾，但洗练的建筑细部仍不愧是大师水平，RC桥底面表情流畅、趣味益然。

　　这座桥的曲线梁是整体PC（预应力混凝土）梁，不过此后对曲线梁的压力和张力进行了分别处理，改由钢管和钢索支撑，展开了更轻质化的设计。

Year		B.C.	A.C.	1000	1600	1800	1900	2000

42 | 空中漫步的享受

Enjoying a Walk in the Air

在空中跨越的乐越在任何时代都令人兴奋不已。规模虽然不大，但始终是人们心中的经典名桥，充满着匠心别具的结构技术运用。

| fig.1 | **结构体系图**

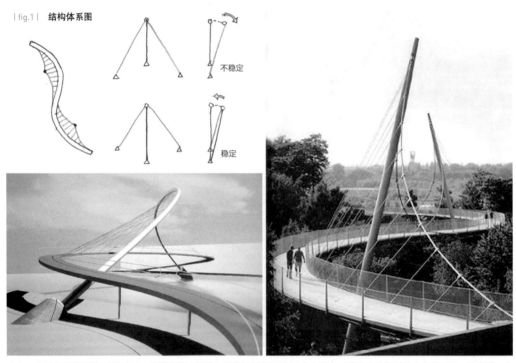

不稳定

稳定

左上：波鸿市西公园桥（2003年）。桥面仅通过圆弧内侧单侧钢索悬吊在2个主塔上，漫步在绿色树林上空绝对是一种享受。左下：Taichizao桥设计方案。代替悬索的是立体扭曲拱，S型桥面圆弧内侧，立体延伸的扭曲吊杆将奇妙的结构形态高高吊起，如此造型感觉有些过度设计。（©J.Schlaich）

　　前后将近一个世纪，鲁尔地区曾是德国煤炭及钢铁经济发展中心，之后环境显著恶化，近几年该地区才作为服务业中心发生了脱胎换骨的变化，在保留重化学工业遗址的同时，寻求将娱乐区和住宅区相联结。

　　在对现场复杂地形进行解读之后，施莱希提出了两个圆弧组成的美丽步行桥方案。该自行车/步行专用桥呈S形，宽3m，圆弧各长66m，倾斜架设在上方与公路和铁路立体相交。主塔没有设置后拉索，因为主塔根部的支点比主索锚具（固定部位）的位置低，足够保持稳定。

将力的传递路径转变为洗练的形态

　　上茨豪森近郊的莱茵——赫尔内运河上架设的"Liphorst步行桥"（1997年），是典型的拱形用于曲线桥的实例。如同一般吊桥的抛物线拱翻转过来也成立一样，曲线桥面吊桥翻转也可

Material		石	木		铁		混凝土		玻璃		膜

上茨豪森近郊的莱茵——赫尔内运河上架设的Liphorst步行桥(1997年)。即使走在桥面上，也无法理解不可思议的桥梁结构。

马克斯·伊斯迪步行桥（1989年）。漫步在斯图加特郊外连接美丽的公园和葡萄园的长114m的弧形桥面上，感到相当惬意。

劳温特步行桥（1992年）。为在斯图加特举办国际园艺博览会而建设的这座天桥格外独特，对这座天桥的最初印象是"宛如漫步在绿色地毯上"。连接两个公园的弧形桥面架设在轻盈的缆索网上，缆索网何时才能被绿色的植被层层覆盖呢？

以成立，主拱的立体曲线是从未见过的有趣的三维拱造型的变形。

连接不同方向的2个引桥，天桥平面形状接近90°弯曲，在跨度77m的支点间，以3m间隔设置斜撑，3部分均由钢制中空桥面、拱及斜撑组成，先组装两岸的2部分，然后用起重机吊装近50m长的中央部分，现场焊接连成整体。

尽管规模都不庞大，但却令人印象深刻，这些桥梁的设计有着哪些共性呢？第一，力的传递简洁明快、造型优美和结构体系洗练。第二，对钢、索等材料了如指掌，建筑细部大胆且精致。第三，令人最感动的是"桥和人"的关系，即对无障碍设施和景观协调方面无微不至的关心。

从地面循和缓的弧形引桥拾级而上，是品鉴"快乐漫步宇宙"的前奏曲。

Archineering Design Guide Book

空间·建筑新物语

127

Year		B.C.	A.C.	1000	1600	1800	1900	2000

43 | 受自行车车轮启发建造的体育场

The Stadium Composed of Bicycle Wheel

放射状钢索连接内侧与外侧两个椭圆环，看似水平放置的自行车车轮的大屋顶系统是什么？

梅赛德斯——奔驰体育场（旧戈特利布·戴姆勒运动场，1993年）。可以看到环绕椭圆形膜屋顶外围的压力环在主看台上方略微膨胀，这是为了使曲率较小的环拥有抗弯能力。近几年，沿着中央开口部增建了膜屋顶，并在前面增设部分看台等，将这个兼用于田径赛的设施升级为足球专用赛场。

　　自行车车轮——Spoked wheel是如此轻质、结实，大家一目了然，话虽如此，人们对轮圈、轮辐、轮毂组成的结构（机理）和装置（细部）并不太了解。可以说"车轮"就是该体育场大屋顶结构的基本原理。首先把"车轮"水平而不是垂直摆放，然后在内侧设置环索做成巨大的开口部，并在与外侧压力环之间，放入上下两层放射状钢索，再安装膜屋顶，体育场屋顶就完成了，如此简洁却又巧妙无比的系统构思到底来自何方呢？

"车轮效果"

　　构思的起点是工期紧迫、困难重重的改造方案。1993年8月决定举行世界田径锦标赛，要求历经1933年、1955年、1972年3次扩建的体育场，在18个月的极短工期内，在增设看台的同时，完成34000m²的欧洲最大新看台屋顶工程，而且既不能对原有建筑物增加负担，又受软地基基础的制约，由此产生了轻质自我平衡环索结构的构思。

Material	石	木	铁	混凝土	玻璃	膜

从看台外围看支柱和受压环梁。部分外环梁发生的弯曲应力由桁架结构承担。

看台上部架设的索/梁和膜屋面。

| fig.1 |　**结构体系的发展过程**

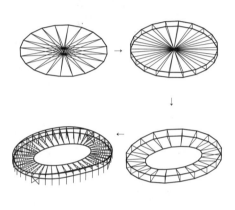

| fig.2 |　**索桁架+环梁的承载体系**

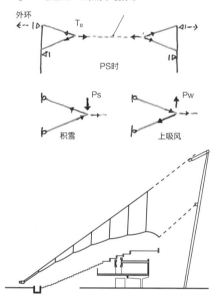

慕尼黑奥林匹克运动会主看台（1972年）。索网屋顶弧形内边缘安装粗大的主缆索，两端需要埋设巨大的锚具，虽说这样处理是轻质结构的"宿命"，但J.施莱希始终不能释怀，不需要锚具的边缆索，那就是环。该环同时如自行车的车轮一样，对纤细的外围受压环的屈曲进行加劲。上、下弦索构成的悬臂梁中预先导入一定的预应力（PS），作为抗压部件材有效抵抗风雪荷载。

施工工艺是将索梁和环索在地面完成组装，利用支柱顶点同时提升，上拉到固定位置，这样预定的预应力（PS）自动得以施加。

　　椭圆长轴280m，短轴200m，屋顶悬挑跨度统一为58m。预应力、自重、风（下压风、上吸风）、雪等荷载/外力全部通过张拉和压缩进行抵抗和平衡，相互间的平衡关系也非常有趣：譬如外环一方面承受内侧钢索的张拉，同时也利用内侧的张拉来控制自身的屈曲，这就是"车轮效应"；此外，支撑膜屋面的细小拱群的抗屈曲承载力，由于膜屋面的张拉反而被提高了。

　　采用"膜"是后来才决定的。由于预算紧张，最初计划采用金属波纹板，不过，施莱希一直强力呼吁采用膜屋顶。他认为"金属板大屋顶下的看台会很昏暗，容易引发观众的紧张情绪，最终常常会诱发观众间的争斗和事故，救护车和医院的应对也十分困难，且经年累月该费用也会越来越大，如采用'膜'的话，就不存在这样的担忧"。斯图加特市的议员们只能一边苦笑一边点头认可，最终通过了两百万欧元的追加预算。

| Year | | B.C. | A.C. | 1000 | 1600 | 1800 | 1900 | 2000 |

空中翩翩起舞的螺旋瞭望塔

The Dancing Spiral Observatory

悬吊在高41m主塔上的轻薄平台像飘浮在空中。施莱希描绘的风景创造出连摇晃本身也成为享受的瞭望台。

Killesberg瞭望塔（2001年）。上下交错的2个楼梯，高度达到31m，楼梯踏步上镌刻着募捐者的名字，施莱希也为孙子们购买了8个踏步，此后他又迎来了第9个孙子。

　　1974年建造的"schmehausen施梅豪森"索网式冷却塔，随着设施的关闭（1989年）于1991年被拆除，然后在2001年以独特的结构形式在斯图加特郊外的"Killesberg"山丘上再次建造起来。
　　虽然结果不错，但实现的道路却相当坎坷。1991年，该市筹划国际园艺博览会，规划建设了以步行桥为首的诸多新设施。施莱希团队的方案虽然入选瞭望塔设计竞赛最佳方案，却因预算不足而搁置。

悬吊在一根柱子上

　　"Killesberg"被广场花圃和水池所包围，是一个娱乐公园，从山丘上可以一览街道和森林全景。"在这么风景优美的地方建造建筑是否合适？"，施莱希最初有些犹豫，"如果市民说NO，我也能理解。但是想象一下，衣着艳丽的人们沿着双螺旋阶梯盘旋上下的情景！"，这个

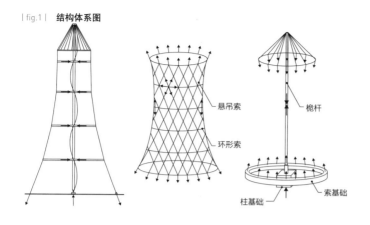

| fig.1 | 结构体系图

悬吊索
环形索
桅杆
柱基础
索基础

此结构与环形运动场有着相同的整体依存关系。中央立柱吊着外周索网，索网和立柱支撑着平台和台阶，平台和外壳网共同对细长立柱的屈曲进行加劲，形成整体。对索网施加预应力（PS）是通过将索最下端向地面拉近来实现。

左：连接平台和立柱的横撑兼做雨水管。立柱根部支点是回转铰，不言而喻这是设计团队拿手的球节点。右：螺旋楼梯上上下下的人们。

被细密索网包裹的塔式结构物。左：施梅豪森（Schmehausen）冷却塔（1974年）。中：弗拉基米尔·舒霍夫（Vladimir G.Suchov）（1853～1939年）设计的山丘上的输电塔。右：悉尼索塔（1981年）。

圆通三匝堂双螺旋倾斜式六角三层会津海螺堂（1796年）。与"Killesberg瞭望塔"不同，圆通三匝堂要求绕三圈参拜是约定俗成的参拜习惯。

梦想之塔在多方支援下终于在10年后得以实现。

　　塔建在绿色山丘上，由一根细立柱（41m高，直径φ50cm）将4层瞭望平台和上下交错的8个楼梯悬挂在空中，纤细的外围索网融化在蓝天里。长柱很容易屈曲，主柱之所以能设计得如此纤巧是因为在瞭望台平台水平面内，主柱与外周索网可以通过平台自然而然地连接加强。这种相得益彰的关系给人以奇特而深刻的印象。

　　结构体系的最大特征是外周索网的预应力导入和系统的自我平衡，紧凑的张拉构件结合部和容许"活动"的支点细部也使人叹为观止。

　　登上最上部的第4层瞭望平台，随着人的活动，瞭望塔晃动较大。"如果安装质量阻尼器的话，就可以很容易消除晃动，不过好像游客们还蛮喜欢这种晃动的感觉的！"，施莱希说。的确如此，享受"安全的"摇晃，也许也是一种建筑工学设计吧。

Year		B.C.	A.C.	1000	1600	1800	1900	2000

45 | 向高度的挑战

Challenges of High rise Building

采用最先进技术建造的双子塔摩天楼。
标志性高层建筑的无情命运，传达给当今什么呢？

从曼哈顿南端纽约尖端部登上小型渡轮，驶抵"自由女神"约需30分钟。当船驶出海湾时，背后高耸入云的摩天大楼沐浴着9月的明媚阳光，其中就有高度格外突出的世界贸易中心（1972年），双子塔的剪影仿佛统领着曼哈顿的天际线。突然间，2只海鸥从眼前掠过，当时，谁能想象得到30年之后2001年9月11日那天的悲剧呢。相对"建造建筑"而言更重要的是和平。（1972年）

　　1962年春天，"命运之函"送达纽约山崎实事务所："邀请您担任世界贸易中心大楼（WTC）首席建筑师，阁下是否有异议？"。建筑界自不必说，本人想必也相当吃惊，世界第一高楼，对于一直以来都是不给人威压感的温和建筑风格的山崎来说，绝对是想回避的命题。"无论建造多高的大楼，都会被超越，赋予未来的曼哈顿以冲击，能够生存下来的只有双子塔摩天楼"。

伸向天空的细列柱

　　对山崎来说，"柱子是设计的生命"，它可以创造出光和影，赋予大楼以情感。一根根细柱，像树木一样伸向天空，虽然外观纤细，揭开表层，结构体的巨大箱形断面运用的是当时的尖端技术——筒结构，柱子和梁组件采用刚性连接，结构和施工都更加合理。后来的总结发现，正是由于承受外围自重和风荷载的这个"鸟笼"的冗余度（余剩性），才多少延迟了9·11恐怖袭击时的崩塌。

Material	石	木	铁	混凝土	玻璃	膜

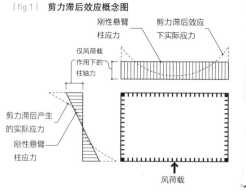

| fig.1 | **剪力滞后效应概念图**

刚性悬臂
柱应力

剪力滞后效应
下实际应力

仅风荷载
作用下的
柱轴力

剪力滞后产生
的实际应力

刚性悬臂
柱应力

风荷载

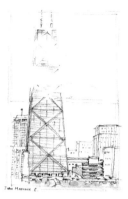

左：剪力滞后效应概念图。箱形筒结构的基本应力，在腹板面应该是三角形分布，在翼缘面应该是直线（均一）分布。可是实际上由于墙面开窗，受剪切变形的影响不会完全如此。如何缩小剪力滞后成为结构设计的要点。右：SOM的法茨拉·卡恩为了解决这个问题，建议芝加哥约翰·汉考克中心（1968年）采用"斜交桁架筒体结构"，其大胆、合理的设计享誉世界。

WTC的抗风型筒（正方形，边长63.4cm），约1m间隔的箱形柱（45mm正方形）与钢板梁（1.32m）刚性连接，在格构梁的接口设置了约1万个粘弹性阻尼器。

| fig.2 | **哈利法塔标准层平面图**

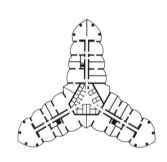

右：中国银行香港分行（1990年）。为了控制剪力滞后效应，设置了与约翰·汉考克中心一样的外围支撑，曾经设计过WTC的L·罗伯逊考虑整体抗弯性能和经济性，在4角设置了RC集成柱。中：由迪拜塔易名而来的哈利法塔（2008年）。160层、624m、6花瓣形等，中东固有的风格主题，对称的3轴线几何形平面，每7层为一个单位螺旋状收进，创造出动态上升的有机修长形态。左：哈利法塔标准层平面图。位于建筑物中心的六角形封闭型核心筒，通过伸向3个方向的翼墙产生抗扭刚度，与垂直荷载共同抵御强风。

　　北侧大楼完成于1973年，这一年，悉尼歌剧院"白帆"出现在南半球。与埃菲尔铁塔一样，WTC从竣工之初就饱受批评，也许这是巨大体量建筑的宿命，还被贬为跌落在国际风格和后现代派潮流夹缝中的大楼。然而90年代初溢美之词突然蜂拥而至，作为美国的标志性建筑凛然矗立在城市天际线上的优美形态提高了对它的评价；然而命运弄人，因为其标志性也成了恐怖活动的目标。

　　年仅40岁即负责WTC结构设计的L·罗伯逊1993年获得了"松井源吾奖"，那一年WTC停车场发生了炸弹爆炸恐怖事件，建筑物安然无恙。然而，恐怖分子策划了更大规模的恐怖活动，罗伯逊在9·11之后不久的一次讲演中谈及WTC时黯然泪下。结构设计不可能安全到能承受任何人为破坏，"核电站"的安全性不也一样吗？现在是人们该反思的时候了。

| Year | | B.C. | A.C. | 1000 | 1600 | 1800 | 1900 | 2000 |

46 | 隐藏的巨型结构

Hidden Super Structure

结构构件尺寸和跨度标准化、统一化。
大胆、明快的"巨型结构"创造的无柱空间。

左：东京都厅第一本厅舍（1990年）。据说借鉴了法国巴黎圣母院的双塔轮廓和复杂顶部。浇筑的花岗岩预制板纹理非常细腻。外表结构细密、简洁，确保建筑物内部的无柱大空间，真是难以想象。右上：都厅和周边的高层建筑群。右下：在设计竞赛应征作品中大放异彩、反响广泛的低层都厅方案。

　　东京都厅设计沿袭战前传统通过设计竞标进行选拔，1986年举行了新都厅邀请设计竞标，丹下健三再次以最优秀方案胜出，围绕评审方式和评价引起众多议论，由矶崎新设计的低层都厅方案也备受关注。丹下认为"不管怎样，应待作品完成后再行评价"，因此，在建筑完成之前始终保持沉默。为什么现代建筑的巨匠们警示热衷于后现代主义的晚辈们"后现代主义没有出路"呢？他们追求的又是什么？"一句话：一味追求功能主义和合理主义无法达到对正统、公认的建筑设计之美的感动"，这就是丹下的心声。

美丽的结构设计和坚实的骨架

　　建筑的本质是不变的，但表现方式随时间而不同。当问到什么是建筑成为"名作"的条件？丹下的答复是："所谓名作的条件就是要使人感动，从未谋面却似曾相识，直达记忆深处"。

Material	石	木	铁	混凝土	玻璃	膜

| fig.1 | **框架结构和巨型框架结构的比较**

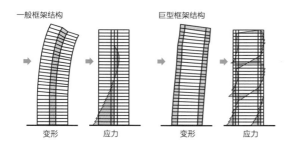

一般框架结构　　　　巨型框架结构

变形　　应力　　变形　　应力

以比例修长为特征的第一本厅舍，一般的框架结构在地震中将产生巨大的轴向上拔力。针对下方累积的弯矩，迄今为止一直采用刚性构架来解决（固定在建筑物的上部）。巨型框架结构也力求同样的效果，通过巨型梁来调整和吸收应力。

出现在建筑工程・设计展中成为话题的超高层建筑。左：Mode学园螺旋塔（2008年）。坚韧的轴力系核心筒、扭曲的柔和外围部（内置可伸缩调节的控制柱）组合结构。中：Mode学园蚕茧塔（2008年）。外周玻璃角点间扁带表现蚕茧的形态。在坚硬的外壳和柔和的内壳之间设置了减震设备（液压减震器）。右：代代木私塾本校OBELISK（2008年）作为抗震要素，短轴方向两侧山墙面的RC墙柱以及长轴方向核心筒的钢斜撑构架分别配置了制震装置，使整座建筑成为隔震结构。

| fig.2 | **超高层大楼下部**

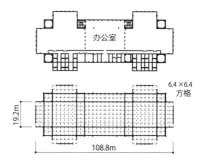

办公室

6.4×6.4 方格

19.2m

108.8m

通过组合8个核心筒（四角的顶梁柱、梁、K型斜撑），在超高层的下部也可以考虑挑空空间和大跨度空间。不仅结构构件尺寸统一，整栋建筑跨度统一也是一大特征，基本上是6.4m和其3倍的19.2m。结构设计的简化大大减少构件种类和力传递中的偏差等，从而提高生产效率和改善力的平衡。

| fig.3 | **超高层建筑的结构方案**

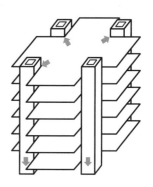

超高层建筑结构方案的基本方针：将分散的核心筒看作是柱子，能否实现大跨度呢?"结构设计方收到建筑设计方提出的要求后，成功设计出约20m×110m的无柱大空间，核心筒以外的垂直柱只有4根。

　　继东京奥林匹克运动会、大阪世博会之后，首席建筑师备受关注，舆论哗然。批评以外，人们对该造型的本能感觉，与其说是一种厌恶的情感不如说是一种"恐惧"，对于膨胀的巨大城市——东京混沌、模糊的未来图景，感到莫名的不安。巴黎圣母院似的双塔，具有与江户图案和集成电路相通的纤细却又雄壮的外观设计，可是最重要的是使之成功的结构设计，其简约的美感和坚实的骨架是许多人没有意识到的。

　　武藤清被聘请作为结构设计合作伙伴，霞关大厦是日本超高层建筑的鼻祖。武藤认为"要珍惜自然的结构形态，不能勉强"，他基于大胆、明快的"巨型结构"方案展开结构设计。东京第一本厅舍实现了108.8m×19.2m的宽阔无柱空间，在谋求结构构件尺寸和跨度标准化、统一化的同时，整体结构的平衡和施工的合理性也得到了实践。可以说这是逝世于竣工之前的武藤清倾注了全部心血的杰作。

| Year | | B.C. | A.C. | 1000 | 1600 | 1800 | 1900 | 2000 |

47 | 名为张弦梁（BSS）的混合结构

Hybrid Structure called BSS

革新的张弦梁，沉睡的技术重新构筑"混合"的概念。寄予小型无柱空间的会是什么呢？

与被命名为帕斯卡和达·芬奇的两个食堂一起，日本大学理工学院船桥校园内规划的法拉第大厅（1987年）是兼做快餐厅的多功能厅。在边长约20m的正方形小型无柱空间中为何能够实现"张弦梁"（BSS）呢？这是有理由的。

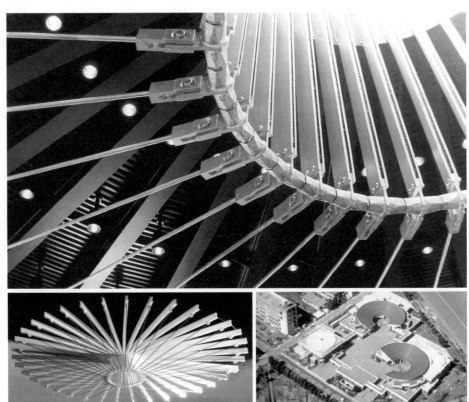

19世纪初，铁和木材作为结构件强度有限，当水平梁横跨一定跨度时，需要采用张拉下弦杆的方法进行加强。著名的支撑水晶宫（1851）玻璃屋顶的帕克斯顿水槽梁也是采用同样的方法，用钢筋杆支撑木梁。不久，随着钢材的进步和H型钢等的普及，桁架开始发挥万能作用，20世纪空间结构的主角开始转向拱、悬挂结构、壳体、充气结构、空间框架等形态抵抗结构。

消失的旧体系为现代所用

梁和弦组合的"张弦梁结构"在1978年再次登上前沿舞台，"法拉第大厅"贯彻了以下几个目标：第一，弦的作用远不止加固，能有效控制自重时梁的应力和变形；第二，根据规模和荷载，灵活选择材料和断面形状；第三，在自重时做到自我平衡，使水平推力不会对支承结构造成额外负担；第四，获得了包括力学、设计、制造、施工等总体合理性的新型结构表现形式。

Material	石	木	铁	混凝土	玻璃	膜

西弗吉尼亚铁道桥（1875年）。人字形桁架看似交错重合。

木梁和弦杆组合的高田建筑事务所车轮形BSS（1994年）。

| fig.1 | **施加预应力控制梁的（弯曲）应力。**

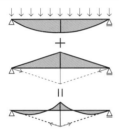

BSS的第一特征是有效的弦。弦不仅是对梁的"加强"，并可通过张力的微调，轻易控制梁的应力和变形，此时施工方法是关键，迄今钢构梁中常见的"起拱"的想法也随之改变。

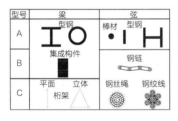

型号	梁		弦	
	型钢		棒材 型钢	
A	I O		· I H	
	集成构件		钢链	
B				
	平面 立体		钢丝绳 钢绞线	
C	桁架			

BSS的特点是根据规模和性能，灵活选择梁和弦的材料、形状、布置方式，对于各种结构表现，例如部件的撤换或强调都可以委托设计师完成。

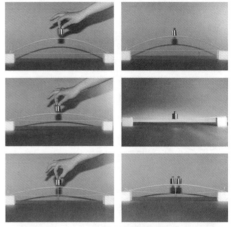

张弦梁的机制——"从拱向梁的演变"实验。上：具有高矢高的BSS式拱有充足的承载能力，拱的侧向推力被拉索（绳子部分）吸收，拱的形状不会被破坏。中：随着拱逐渐降低，拉索的张力增加和伸长加速，拱的形状突然消失。下：在与上图相同的扁拱和拉索间放入小撑杆，拱和拉索的间隔保证相互的侧向压力（张拉和压缩）相互抵消而取得平衡，在这样的状态下，即使矢高变为0，也就是成为水平的梁，强度也不会变化。

　　19世纪消失的一个体系，根据时代的需求重新考虑研究，在后现代主义的潮流中，期待着建筑设计与"结构"间产生新的融合。对于张弦梁冠以日式英语Beam String Structure，简称BSS。

　　关于BSS的"形态抵抗"有两个着眼点：一个是扁平拱向水平梁转移，通过放入支撑材，达到平滑过渡；另一个是梁（弯曲）和弦（悬吊）两个具有承载能力的体系，在混合的同时自我平衡。包括但不限于多个不同种类材料的混合、复合，这是BSS有别于以往单一结构体系的特征。那个时代尚无"混合"的说法，在取得几个成果之后，提交了一个论文："Hybrid Form Resistant Structure"（IASS.1986.Osaka）令人惊讶的是同为大会主题发言人的施莱希发表的主题讲演是相当巧合的"Hybrid Tension Structure"。

Year	B.C.	A.C.	1000	1600	1800	1900	2000

48 | 空中漂浮的BSS

Floating BSS in Space

下部（纵向）结构和上部结构（横向）融合为整体，空间一体化的同时，屋顶飘浮起来。

最上川饭森山土门拳纪念馆前的酒田市国体纪念体育馆（1991年）。没有常见的墙和柱，轻盈的顶棚飘浮在檐口射入的自然光线中，可以说这个建筑的诞生超越了过去所谓的"结构表现主义"。

　　大型集会空间在追求宽敞的同时也需要相应的高度，一般来说，支撑大跨度上部结构（梁、拱、薄壳、悬吊结构等）的是柱和墙体组成的下部结构，以保证顶棚的高度。不采用上述方式，而是通过将上部、下部结构一体化，内部和外部空间融合，使屋顶造型飘浮在空中，这就是酒田市国体纪念体育馆的新尝试。

张弦梁和悬臂桁架一体化

　　最上川河畔饭森山山麓，与天鹅嬉水的人工池相对的是格调高雅的土门拳纪念馆的身影，站在水池东端，可以将纪念馆和与其相对的体育馆同时纳入视线，在此瞭望，体育馆给人的印象好像是被飞舞飘落的一枚金属板轻轻包覆。

　　从远处看司空见惯的筒形屋顶侧面，随着走近正面入口其面貌完全改变。极平缓的曲面形状、不受反力约束的拱端部、尖锐深挑的屋檐，完全颠覆了常见拱顶的"形和力"的常识，一

| Material | 石 | 木 | 铁 | 混凝土 | 玻璃 | 膜 |

从北九州市附近的皿仓山，可以眺望到远处穴生穹顶（1994年）的白色屋顶。这里是日本滑翔伞发祥地。方案的最初构思是空中翱翔的滑翔伞飞舞飘落在绿色的丛林中。将吊起的BSS在现场焊接到预加荷载的悬臂桁架端部，结构体系与酒田市国体纪念体育馆相同，但主要荷载从积雪变成上吸风荷载，在膜面上方设置了谷索。

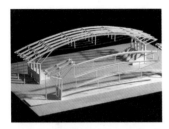

BSS的应力和形状都在地上完成，依次提升至悬臂桁架端部，两端结合部间隙虽然已经在地面组装时得到确认，每提升一榀新的BSS时还是会感到不安。

从远处看酒田市国体纪念体育馆筒形屋顶似乎并没有什么出奇之处，但近看的话，会惊讶于没有支点的拱形外观的锋利轮廓，令人不可思议。

为了将下弦索端部节点尽可能做到最小，张力导入不采用千斤顶，而是采用稍加顶撑将撑杆置入的"引张施工法"，与"张弓搭箭"相同原理。

时间令观者大感困惑。四周环绕的"张拉窗帘"述说着该结构的秘密。

对于近乎水平的H型钢梁来说，54m的跨度是很大的，长期荷载260kgf/m²也相当沉重，与自重对等的雪荷载（长期）也可以说是看不见的自重，建造使人感觉不到这些的结构体系和结构形式究竟有无可能？

通过研究，选择了张弦梁（横向系统）和悬臂桁架（纵向系统）的组合。换一个角度来看，也可以认为是将弯矩的形态结构化即"格贝式梁"的变形，创造并实施了可同时实现节点简化和PS导入的"索引张施工法"，以及自锚式"吊升施工法"。

BSS提升与悬臂桁架结合的瞬间，现场充满了紧张气氛。

| Year | B.C. | A.C. | 1000 | 1600 | 1800 | 1900 | 2000 |

49 | 利用张力环顶升穹顶

A Dome Raised by Tension Hoop

车轮形张弦梁建造的穹顶采用的环箍式BSS（张弦梁）技术，内部空间规模和高度上的进一步优化及应用推广。

日本大学船桥校区建造的"摇曳的穹顶"（1993年），直径10m，手工制作的穹顶搭建约需6个小时。在地面上拼装的穹顶，一下子顶升起来，挂在外周绳索上，摇摇晃晃的"自锚式隔震穹顶"就完成了。

一般认为法拉第大厅（1978年）是车轮形张弦梁在日本最初的案例，高向心性放射状结构表现，跨越时代反复出现。

在张弦梁的外周设置圆环，下弦的张力就会被其全部吸收，因此这个结构具有的"自锚式"特征就不那么明显，从这个意义上来看，"天城穹顶"的基本构思提出的波浪形外周支柱，有着自锚结构特有的轻快设计，饶有趣味，值得期待。

如何用BSS制作穹顶空间

然而如将车轮的直径加大，即平面规模增大的话，那么需要担心顶棚的高度，中央支撑构件群会给室内带来压迫感。现在，在中央点和外围之间设置撑杆，试着将整体分割成内和外两个张弦梁，当然，中间撑杆由环连接，这样随着环的数量和环形上撑杆数量的增加，其断面形

Material	石	木	铁	混凝土	玻璃	膜

|fig.1| 结构体系的转移

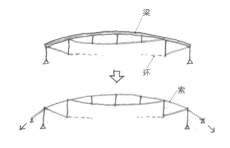

天城穹顶（1991年）是日本最早完成的张拉整体式穹顶（索穹顶）。最初方案其实是环式BSS膜结构，此后上弦的放射状梁被更换成索，虽然这样会产生自锚式结构中不存在的巨大侧向压力，但这对厚重的RC下部结构来说，是毫无问题的，这个方向转变反而正是建筑设计的成功之处。

如将自锚式环式BSS（上）的上弦梁换成钢索（下），就成为索穹顶，这需要大的PS力和水平抵抗反力。

采用大规模环式BSS的穹顶设计方案。左，直径150m的张拉膜穹顶内部采用了SKELSION（1993年）。右：在多雪地区建造的平坦耐雪型张弦结构，外墙全部采用玻璃幕墙（2001年）。

羽田黑野门论坛栋计划（2013年）。由直径60m的环式BSS和倒圆锥曲面整体装配式（PCaPC）外墙构成的地区公益设施，利用外墙自重向外倾倒的力量，提升折叠成两段的BSS像花瓣一样展开，并在规定的位置安装环索。

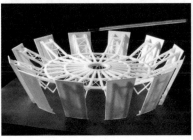

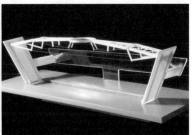

状逐渐成为穹顶形状。

将放射状上弦梁换成钢索，再与膜结合的系统，就是此后D·盖格提出的索穹顶。将曾经被巴克敏斯特·富勒称为张拉整体式穹顶的"Aspension Dome"的三角形张力网格做成放射状，是为索穹顶带来飞跃的关键点。

在有关盖格专利的记述中，作为与富勒并列的又一个构思的起点，可以在"车轮形环式张弦梁结构"方案中看到（IASS，1979）。

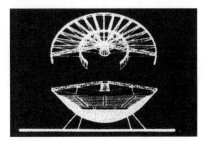

最早的车轮形环式张弦梁（BSS）体育场设计方案

Year		B.C.	A.C.	1000	1600	1800	1900	2000

50 | 翻花线结构

AYATORI Structures

如翻花线那样，通过相互间的预张力取得平衡，框架（Skeleton）和张弦材（String）组合而成的"框架张拉结构（Skelsion）"。

东京kachidoki双子塔脚下的Aqua舞台（2008年）。玻璃屋顶外径35m，通过放射状天平式悬臂梁和翻花线状立体弦的组合，抵抗巨大的上、下风荷载和地震力。22组后拉弦索和支撑构件的张力均衡，是其中的关键点。

张弦梁最擅长支承的荷载是自重。要发挥该特性，前提是具备有着充分抗震/抗风性能的下部结构。但是，如果支撑张弦梁的是长柱，该如何处理呢？或者缺乏抵抗水平力的刚性结构构件，又该如何实现轻快的Skelsion结构设计呢？

细弦的互相支撑

"框架张拉结构（Skelsion）"是答案之一，SKELSION是Skeleton（框架）与Tension（张拉）的组合，目标是对刚性比较低的构架用张力进行加强（合并），特点是将能有效抵抗垂直荷载的张弦梁和对水平力发挥作用的支撑进行立体组合，相互间的预应力（PS）达到自锚式平衡，形成稳定结构。

在门式框架中，设置支撑并导入预应力，通常只对张力发挥作用的斜撑，只要预应力不消失，就作为抗压部件工作，将水平力作用下的框架整体变形控制在较小范围内。

Material		石	木		铁	混凝土	玻璃	膜

船桥日大前站（1995年）。6根张拉杆汇集到1个空中节点处，通过称为"面节点"的2块板的贴紧，随着"间隙"的缩小，所定的PS力被同时导入到全部构件中。因此，在这里基本上都没有采用花篮螺母。

金泽站东口广场大屋顶"迎客穹顶"（2005年）。屋顶采用了轻盈美丽、但刚性和强度较弱的铝合金结构。采用这种材料在多雪地区设计高透明度的建筑是非常困难的，在这里为应对门式框架部分的地震力，采用了框架张拉结构。

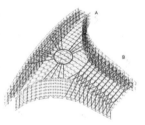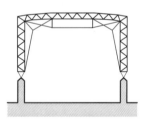

| fig.1 |　**框架张拉结构的形成**

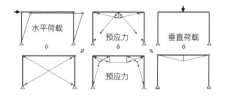

框架张拉结构的结构原理。最大的特点是将抵抗水平力的斜撑导入PS力作为抗压构件和抵抗垂直荷载的BSS达到自锚式平衡。也可考虑将弦索更换成抗压部件。

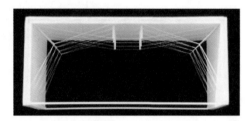

框架张拉结构的概念模型

　　同时，垂直荷载下的柱脚侧向压力（水平反力）可通过斜撑吸收，这对临时建筑来说是很有用的。也可将带弹簧的阻尼器置入斜撑内，防止PS力过大。

　　首要的课题是张力构件施加PS的方法。船桥日大前站的中间支撑节点、岩出山町立岩出山初中体育馆的斜撑下端节点，均采用将事前设定的"间隙"紧紧贴实，即可对多个杆群同时施加预定张力的方法。

公开发表的框架张拉结构的测试模型（2007年，于日本大学召开的日本建筑学会大会）

51 | 张拉整体艺术

Tensegrity Art

张拉整体结构作为一种艺术运用在建筑空间中！用钢索悬吊在空中的卢浮宫玻璃倒金字塔，竟然是无框的。

1981年密特朗就任总统不久，发布了卢浮宫美术馆大改造计划，是被称为 "Grand Project" 的巴黎9大改造计划之一。其他8个均采用设计竞标方式，但总统特别任命贝聿铭主持该美术馆的改造设计。由于贝聿铭设计的巨大玻璃金字塔（1984年）过于前卫，一时间巴黎舆论沸沸扬扬，但总统没有丝毫的犹豫，与埃菲尔铁塔、蓬皮杜中心一样，欣然签字同意。接下来的 "倒金字塔"（1991年）项目中，贝聿铭起用了P·赖斯。虽然不受风荷载等外力的干扰，但是追求无限透明度的张拉整体结构水晶体，看似简单，实则非常复杂。这也是赖斯最后的项目。

1948年的某天，在黑山大学夏季研讨会上，听讲生之一的肯尼斯·斯内尔森使用三合板和尼龙制作的小雕塑 "X-Pieces" 触动了富勒敏感的神经，富勒凭直觉感觉到这个体系潜能无穷，"这正是我梦寐以求的！"。这个模型的原理契合了富勒 "建筑就是通过小结构系统构筑大结构系统的技术" 的思路。最初的球状张拉整体结构模型（棱镜），在与测地线穹顶结合的同时不断发展壮大，终于发展成为曼哈顿计划和九大项目规划。

富勒将个人发明命名为 "张拉整体结构"，并于1962年申请了专利。据说与埃菲尔铁塔一样，在这里围绕着合作伙伴的贡献引发了非理性的纠纷。此后众多研究人员展开了张拉整体结构的研究开发，可是在实用化或实际建筑空间应用方面，事实上鲜有显著业绩问世。

另一方面，1959年塔式张拉整体结构被展示在纽约现代美术馆。此后，肯尼斯·斯内尔森在桅杆型张拉整体上展开了独树一帜的研究和创新设计，并由此赢得雕刻家的声誉。

"塞西尔·巴尔蒙德（Cecil Balmond）的世界"（2010年）展览会展出的艺术品"篱笆（Hedge）"。篱笆（Hedge）将人导入迷宫般的内部，而从外侧看，又让人强烈地感受到边界（edge）。篱笆是模棱两可的，文字游戏中产生的暧昧表象中，隐藏着深层的结构逻辑。尽管体系简单，但却十分有趣，其机制和装置无法一目了然。基于PS力的张拉整体结构组合的累积具有分形几何的形态，既穿越空间，又容纳其中。（左上©金田充弘）

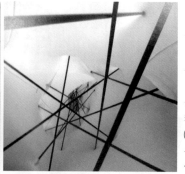

利用内部的支撑材（非接触的独立受压杆件）使外部张力（连续张拉构件）扩张。从气球的隐喻，引出富勒创造的塔形张拉整体结构基本形态，由于K·斯内尔森的努力，张拉整体结构艺术开花结果。可以认为，将张拉材料换成弹力布的"大型艺术"（2008，AND展AIJ）是一种延续，在学生们的努力下，巨大的飘浮体充满着震撼。

2011年春天，这个见所未见的临时设施空间——"MOOM"在东京理科大学野田校区出现了，宽8m、长26m、高4m的不规则穹顶，由独立支撑杆（212个）和膜体（遮阳膜屋顶）构成。约60个学生将外周柱脚部的管子塞进去，整个穹顶一气呵成支撑起来，场面激动人心。

无框玻璃的艺术作品

张拉整体结构作为艺术在建筑空间中得以升华的经典案例，不言而喻要数卢浮宫的玻璃倒金字塔了。丹·布朗著名的小说《达·芬奇的密码》被改编成电影，在其中起关键作用的也是类似结晶的结构体，上下反转的透明箱子，被钢索固定在空中。

玻璃屋顶下方的"玻璃池"金字塔，采用DPG五金、玻璃面板互相连接构成，悬垂于地面及周围结构上。为避免构件超出外表面，在金字塔内部设置缆索和悬空支撑杆（在空中飘浮的受压杆件），内部张拉并固定于空中的预定位置。

构成卢浮宫美术馆主入口的"地上金字塔"采用框支撑玻璃，而在无风的室内，"地下金字塔"则完全是无框的艺术结构体。

Year		B.C.	A.C.	1000	1600	1800	1900	2000

52 | 从张拉整体到复合型张拉整体结构

Form Tensegrity to Tensegric Systems

由"张拉整体=张力+整体"发展而来的复合型张拉整体结构，犹如动物骨骼般可以自由活动的结构体系。

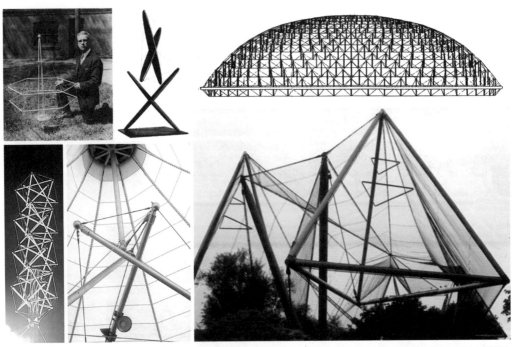

上左：首次问世的张拉和压缩分离系统。4D建筑的系统模型和巴克敏斯特·富勒（B·Fuller）（1927年）。上中：黑山大学夏季讲座中肯尼斯·斯内尔森创造的"X-Pieces"。上右：富勒的"Aspension Dome"（1964年）。下左：筑波世博会张拉整体塔。下中：支柱式张拉膜和张拉整体支柱相组合的White Rhino（2001年）。下右：应用张拉整体结构的伦敦动物园鸟笼（Aviary，1962年）。漫步于"企鹅池"旁蜿蜒的W形空中步道，能充分体验到张拉整体结构巨大的透明空间给人的愉悦。

　　B·富勒的意识中开始萌发张拉整体结构的初期概念，是在75年前艰巨的"Dymaxion House"设计挑战中。

　　普遍认为，受K·伊奥干松的雕刻"Study in Balance"（1920年）和肯尼斯·斯内尔森创作的"X-Pieces"（1948年）的启发，富勒命名的张拉整体此后沿着两个方向向前发展。

　　一个方向是以张拉整体结构棱柱体作为起点进行的张拉整体结构测地线穹顶的研究，由此孕育了"曼哈顿计划"和"漂浮的城市"，即几何模型和浪漫的构想模型之路。另一个方向是斯内尔森的张拉整体雕塑，这是一条巧妙运用飘浮艺术的道路。这两者都将纯粹的张拉整体定义为"非接触、不连续的受压杆件漂浮在张力海洋中的自锚式系统"，其纯粹性反过来也成为束缚，使其在建筑空间的适用道路上困难重重。这可能也是纯粹的宿命吧？

　　另一方面，也普遍认为富勒发明的"Aspension Dome"、"Dymaxion House"或者"Ballon（or

Material	石	木	铁	混凝土	玻璃	膜

复合型张拉整体桁架结构的起源

复合型张拉整体桁架结构有两个起源：气球和自行车车轮，是在隐含着"吸收"和"膨胀"的两个相对原理的基础上发展起来的。"接触连接的不稳定受压构件通过弦索达到稳定"，从而诞生了复合型张拉整体桁架单元，

并进一步由单层发展到多层。四角形单元也可以称之为基本型，基本型有三种形式，无论哪种形式不依靠高PS力也能达到稳定。作为立体要素的轴力、弯曲、剪切刚度，在拱顶和穹顶等连续体上具有很强的适应性。这种单元的另一个起源是石砌拱，"石材"轻质

化过程中，起支配作用的垂直荷载由钢管轴力来抵抗，附加荷载则由弦索产生的抗弯刚度来承担，这对抗压型结构体尤其有利。另外，在透明度要求高的玻璃幕墙上的运用也很有趣。

| fig.1 |　**复合型张拉整体桁架的产生和形式**

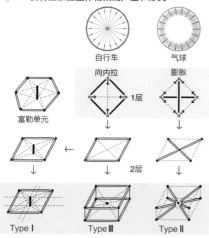

左：长冈商业高中"百年之风"（Type Ⅱ，2010年）右上：欢迎之拱（Type Ⅰ，1997年）右下：静冈站前椭圆形玻璃屋顶（Type Ⅲ，2008年）

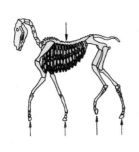

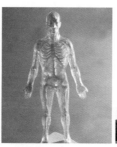

复合型张拉整体体系的启示。
右：入选设计大奖（2009年）的巨大变形金刚（17m）。看上去是可动的，但是是不现实的，让人再次感叹人体结构的精巧。左中：脊椎动物和人体的骨骼如承受压力，即使很小也会不稳定，必须通过肌肉和腱、筋进行整合，方可活动自如。

herring's weir net）""Wire Wheel"所代表的疑似张拉整体可认为是第三个方向。

构成人体的骨骼和筋肉

　　对张拉整体所意味着的"张力（Tension）+整合（integrate）"进行更广义的解释和定位的系统我们称之为"复合型张拉整体结构"，在这里定义为："不稳定的构件和构架采用张力构件进行组合，形成稳定的系统，反力（水平）可以是非自锚式的、抗压构件也可以接触"。想象一下动物的骨骼（骨架），就容易理解了，靠铰接连接的手足是不稳定的骨架，但是通过腱和筋可以实现自由的活动。

　　可以说通过张力构件对结构进行控制、简洁化构件及节点使组装／拆分变得容易、明快／轻快的结构魅力等就是其特征。

　　可以认为基本上就是整体构架（框架）和单元（桁架），在这里主要介绍的是后者的复合型张拉整体桁架。

Year		B.C.	A.C.	1000	1600	1800	1900	2000

53 | 集成装配式预制（PCa）砌块

Assembled PC a Blocks

无可辩驳的混凝土。"力的传递"可视化的有机预制单元，创造出绝妙的结构表现。

唐户市场大楼（2001年）的大空间和屋顶广场是由装配式预制预应力混凝土构件（PCaPC）和悬索结构（BSS和斜拉式张弦梁）组合构成的，其最大亮点是装配式预制桁架构件的设计。预制构件的造型性和连接桁架构件的内外两根缆索构成的结构是如何实现的呢。

本州最西端的下关市，曾经是连接朝鲜半岛和大陆的交通要冲，也有诸多史迹：坛之浦、日清战争和谈地等。阳光明媚、海潮汹涌、大小船只穿梭往来，无论在那里工作的人们还是来访的市民和游客，都很享受如此乐趣无穷的景观。

互相钩连的100个组件

唐户市场的市场大楼是该设施的中心，中间环游式"拍卖场"大空间中，充满了市场的活力。100m×45m的西侧一半是无柱空间，屋顶上是眺望海峡的草坪广场。考虑到地处海峡位置，优先考虑采用耐候性好的装配式预制预应力混凝土构件（PCaPC）。各种荷载（kg/m²）大小为屋面荷载450、活荷载360、构架自重500。如何制作能够承受这些重量的跨度约45m的装配式预制预应力混凝土构件（PCaPC）是个难题。

| Material | 石 | 木 | 铁 | 混凝土 | 玻璃 | 膜 |

积层之家（2003年）。平面开间2间×进深5间，面积10坪。如人工砌筑的砌体结构一样，PCa圆棒（5×18cm）分200层叠加，对有间隙的"校仓"式结构体，纵向用预应力钢丝扎紧。材料、施工方法、居住者交织，共同成就丰富空间。

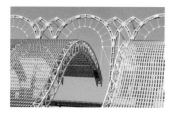

"塞维利亚世博会・未来展示馆"（1989年）。采用P・赖斯构思设计的现代PS式石造拱。

伊纳科斯桥。桥面上排列铺设花岗岩石块，从两侧施加压力（PS），石块形成一个岩石整体（monocoque）。

达・斯兰查斯步行桥（1997年）。美丽的溪谷上仅有石板人行道、扶手及两者形成的空间，其他什么都没有。这种明快的简洁是经过别具匠心的设计、洗练的审美和微妙的操作所形成的。

| fig.1 | **达・斯兰查斯步行桥细部**

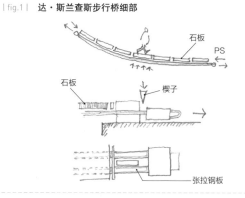

石板　PS

石板　楔子

张拉钢板

对铺设本地产石板的不锈钢带施加张力，石板在压缩力下一体化，形成能抵抗集中荷载的一个整体。细部简洁，钢带终端采用千斤顶拉紧，产生的间隙用楔子填充。

关门海峡前的唐户市场屋顶绿色广场上休憩的人们。

当BSS的支点较低时，下弦缆索和顶棚高度的关系成为问题。取代BSS架设45m跨度的方法是与斜拉式悬吊结构组合，是格贝梁系统的应用。当BSS的跨度变小时，PCa单元的造型自由度也突然增加。另一方面，PCa单元的设计要点，在于采用多大规模、何种形态的单元。

PCa单元的基本尺寸是2m×15m，一体化的4个单元形成了全长约60m的平缓拱形梁。4种类型、总数约100个，发挥了"集约化设计"的威力。

连接零散的PCa单元、并将BSS与斜拉式统合成一体并形成一个完整系统的是张力。"复合型张拉整体结构"的"集成"理念，在纵览海峡的"唐户桥"上一脉相承。

Year		B.C.	A.C.	1000	1600	1800	1900	2000

54 | 动态建筑

Moving Architecture

假如大型屋顶可以活动的话，建筑空间会发生怎样的变化呢？世界上存在着各种各样的动态建筑。

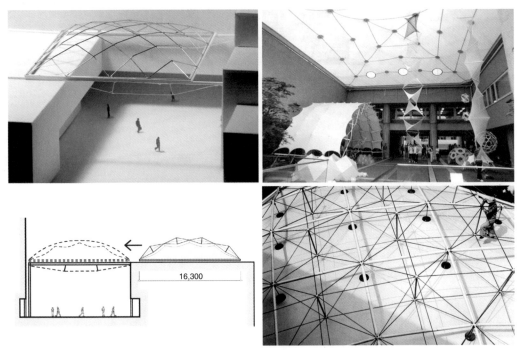

建筑会馆可移动屋顶（2001年）。在原有建筑中庭上方，架设了可移动屋顶。平时是开放式户外广场，能享受蓝天和阳光，在雨天或举行活动时，瞬间成为半户外穹顶空间，仅就此点而言，使用范围得以扩展，"建筑"焕然一新，可以说是今后建筑转型的一个实例。膜面靠近建筑物处开了3个"孔"，进一步提高了穹顶的亮度和透明感。

　　东京，有乐町到田町之间，作为100周年纪念事业的重要一环，规划了新"建筑会馆"。设计竞标（1981年）共收到523个应征方案，最优秀方案是建筑物环抱中庭的都市形式，与地域结合紧密的建筑规划和洗练的设计品质获得了高度评价。

中庭上方覆盖轻快的可移动屋顶

　　时光荏苒，新世纪的2001年，仙田满会长开始了行动。"为了提升建筑会馆的活力，在中庭建设展示空间"。此想法的背景是长期以来关于建筑博物馆的构思：将邻接的室内大厅、展示空间与中庭一体化，以实现会馆的高度利用，同时中庭空间的开放性是整个建筑物的生命。

　　平时，中庭空间蓝天白云、阳光普照，举办各种活动时，则被轻盈的穹顶所覆盖，一个意想不到的"集会空间"瞬间产生，完全实现了最初的构想。

　　"在不破坏现有建筑功能的基础上，对建筑造型和结构进行巧妙的改造"，这个前提是整个规划的关键。

| Material | 石 | 木 | 铁 | 混凝土 | 玻璃 | 膜 |

移动大屋顶，使大空间发生变化。上：但马穹顶（1998年）。该建筑有两张面孔：一个是北侧山中小屋风格外观的封闭性空间；另一个是旋转滑动打开的膜屋顶下的开放穹顶空间。屋顶打开后，南侧广阔的森林和群山的风景与运动场连成一体。下：埼玉县超级体育馆（1999年）。大屋顶下有两个模块化空间装置，巨大的可移动模块形成交流空间，成为多功能活动场所，被市民充分利用。（©大成建设）

札幌穹顶（2001年）。足球场天然草坪改成人工种植草坪，也可以作为棒球场地或庆典活动场地使用。这个在其他地方解决不了的难题，在"札幌"有了漂亮的答案。应该说，正是由于"冬季使用是必须条件"的缘故，对整个草坪采用了移动·回转这一奇妙的构思，进而也决定了整个设计方案。（©竹中工务店）

S·卡拉特拉瓦设计的2个动态建筑。左：瓦伦西亚剧场（1998年）。通过竖框的滑动，玻璃曲面可像人的眼睑一样上下活动。不可否认，周围拥挤的卡拉特拉瓦巨大的雕塑式建筑有些夸张。中：苏黎世大学法学部图书馆改造工程（2004年）。原有建筑物中央新建的7层图书馆楼层是回廊式的，中庭上部为动态玻璃穹顶（34m×15m×8.2m）所覆盖，通过曲面穹顶的转动，控制白天的自然采光。改造的结构系统十分独特，仰视挑空空间非常震撼。右：巴黎街角。

对新建结构的制约条件极为苛刻：承载力、工期、成本等都要求最小化，施工时不能使用起重机等。当然，从未来的维护管理考虑，学会也期待富有魅力的设计。

提案的内容是超轻型装配式、用人工也可建造的张拉混合结构，由以下4个要素构成：

（1）复合型张拉整体式桁架穹顶（上方的穹顶）（Type I）

（2）悬吊式张拉膜（下方的穹顶）

（3）内置可动装置的水平边梁（兼作雨水槽）

（4）通讨张弦梁实现的可动轨道和支柱

特别要留意的是，中庭中架设的张弦梁（BSS）和支柱，平时要有作为"结构艺术"存在的意义。至于最重要的驱动方式，在比较研究缆索式和自走式两种方式后，最终采用了齿条传动方式。穹顶（张拉整体结构桁架+膜）的重量约17kg/m²，行走部分的总重量约9t。桁架组装5天，膜工程施工3天，膜屋顶顺利展开后，突然决定要在膜面上开'孔'，这下麻烦了。

Year		B.C.	A.C.	1000	1600	1800	1900	2000

55 | 大家一起建造的再建空间

Rebuilt Space by Human Power

任何时间、任何地点、任何人。
只需人力像打开伞一样轻松建造的快乐空间。

爱·地球博览会（2005年）活跃的"彩虹之剪"。不需使用吊车和脚手架，仅靠人力建造的大空间，既简单又安全，建造本身也很有趣，不仅自身有强度，作为艺术也很美丽。并且不是一次性的，可以反复多次搭建。如此的临时结构相当不错，但因为必须要轻，所以抗风性欠佳。

很久以前，B·富勒就对展开结构抱有兴趣："折叠得很小的穹顶，如牵牛花一样开合，到底怎样展开和合拢呢？"，1850年代提出的Flying Seedpod（豆荚）System是其中的一个答案。索被布置成网状安装在支柱顶部的充气装置上，一旦张拉，直径13m的穹顶在1分钟内就竖立起来，这是富勒喜爱的有趣构思。

彩虹一样的剪式系统

被富勒所激励的西班牙建筑师中，有埃米利奥·皮诺欧（Emilio pignolo），皮诺欧将缩放仪的剪式系统发展为三维空间，提出了可以制作曲面穹顶的展开结构方案。他去世后，众多后继者推进了"剪式系统"的研究和开发，而后穷其究竟的是查克·霍伯曼的展开型测地线穹顶，通过巧妙设置剪式构件的曲率和回转轴位置，使顺滑折叠的穹顶成为可能。

Material	石	木	铁	混凝土	玻璃	膜

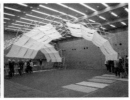

建筑会馆举办的建筑工程设计展（AND）会场上展示的虹剪式结构（2008年）。收纳、搬运时可以折叠成很小的方块，展开后固定就可以做成3绞拱。用拱脚系带将拱脚拉近、固定，并旋转到位。15个人约3小时就可以完成的轻盈建筑。

集会活动学会主办的抗灾活动，阪神大地震10周年讨论会"勿忘1.17"展出的"生态·雪窑洞"（2006年）。使用了"虹剪式"构件，只是稍微改变回转轴位置的再搭设。

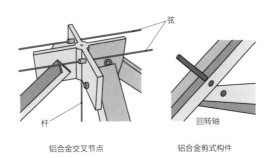

弦

杆

回转轴

铝合金交叉节点　　　铝合金剪式构件

节点细部

张弦剪式装置。左：节点是简单的挤压成型十字形铝合金件，安装不锈钢细缆索和纵向杆，给予预张力，就可以得到作为结构的刚性、强度。右：成为折叠"关键"的回转轴，只要孔的位置稍微移动约3cm，就会诞生半圆拱。

学生们手工完成的各种各样的"人工再建空间"。左：京东丸之内大厦·马尔立方体AND展上的"A-Dome"（2010～）. 中：爱·地球博的张弦伞（2002～）. 右：建筑学会会馆中庭的椭圆形穹顶（1997～）。

　　可是，问题是通向实际结构的路径，即使在太空中可行，在地球上也会是困难的。创造的建筑空间既要确保刚度、又要安装装饰材料。

　　所谓"彩虹之剪"，是张弦剪式拱顶，是以不依靠机械、只用人力即可安全且快乐地搭建为目标的可重复搭建结构，目标是"任何时间、任何地点、任何人"。

　　在基本的剪式结构中，要求插入弦材（纵杆及上下弦杆）的"张弦剪"在展开后"结构化"，即通过纵杆的引入，剪式构件中不发生弯曲应力，而上下弦的张力构件中能导入预定的PS。当然，这种最有效的轴力控制的结构，在某种程度上也可以抵抗弯曲应力。最为有趣的是，上下弦杆中的某一杆件即使张力消失，系统整体也绝不会失稳。

　　在剪式结构中，哪怕仅仅改变回转轴位置数厘米，形态也会从平板到穹顶发生很大的变化，这也正是只有剪式结构才有的有趣之处。

56 | 巧妙建造大型穹顶

Smart Construction of Large Domes

不需要搭建大量脚手架，在地面上拼装的大屋顶，顶升就位。潘达工法将组件变成穹顶结构的"变身"瞬间。

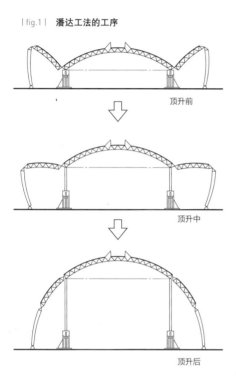

| fig.1 | 潘达工法的工序

顶升前

顶升中

顶升后

世界纪念大厅（1984年）。神户人工岛上建设的首个潘达穹顶，折叠的潘达轰动了整个日本。

　　"穹顶可以用千斤顶顶起来吗?"，对结构技术人员来说，是长久以来的梦想。以巴克敏斯特·富勒为首的著名工程师们尝试了各种方法，但全都止于单一的实验性试验。

　　能否将穹顶折叠起来呢？如果穹顶能折叠的话，采用相反顺序就可以将穹顶顶升起来。可是，穹顶不是简单可以折叠的，潘达工法就是对这个难题的挑战。

　　该构筑工法的特征像电车上的受电弓那样，建设的时候，将穹顶或类似的大空间结构折叠成不稳定的状态。

实现结构提升的构想

　　首先撤去桁架穹顶的纬向构件，使机构可在一定条件下活动，通过合页形状的3个种类的铰链，生成只在垂直方向上受到制约的有一定自由度的连杆机构。

　　在离地面较近的地方进行组装，在装饰材料和设备均已安装到位的状态下，快速而安全地进行顶升。像感动于新生命诞生那样感受变形的瞬间。

Material	石	木	铁	混凝土	玻璃	膜

出云穹顶（1992年）。在出云大社（神社）的土地上，出现了从未有先例的"新型木制穹顶"，全球首个将木构拱和张拉材料进行组合的张弦立体拱混合结构的构思始于这里。一开始在地面将穹顶全部组装起来，然后一边将中央支柱接长，一边将穹顶顶起来。时值盂兰盆节假期，直径150m、高50m的穹顶在全体市民凝神屏息的注目中，像打开油纸雨伞那样一下子升腾起来。

前桥绿色穹顶（1990年）。建设穹顶的最初构想是1986年日本建筑学会研讨委员会（委员长，内田祥哉）提出的，长圆形扁平穹顶采用张弦梁，此后进行的设计竞标中，所有的应征方案采用共同的结构系统进行评价。168m×122m、高20m的大屋顶工程最关键的时刻是对缆索施加张力。如同张弓搭箭一样，随着缆索的绷紧，拱开始弯曲。从构件到结构体近3000t的大屋顶"真的能浮在空中吗？"。"变形"瞬间令人屏息。

潘达穹顶工法具有所谓"提升中的运动自由度为1"的重要特性，即不是单纯的不稳定结构，而是处于"受控制的活动状态"，内部包含着抵抗水平力的措施，因此在提升中，不需要担心地震和风等的影响。

潘达穹顶工法不仅是减少支撑结构的合理施工方法，同时也是内置运动机构、可进行形态变化的结构系统。

其用于大跨度穹顶的有效性，已在国内外诸多工程实践中得到了验证。

巴塞罗那蒙特惠奇山丘上，正在顶升的"San Giorgio Palace"

Year	B.C.	A.C.	1000	1600	1800	1900	2000

57 建造超轻量穹顶

Assembling Light Weight Domes

形同手绘的自由曲面，充满透明感的隔震穹顶，会呼吸的大空间——目标是大自然的整体设计。

那一瞬间，你会震惊于与充气穹顶相似的、极具飘浮感和透明感的内部空间。删除令空间结构表情生硬的"三角形"，斜撑消失，形成双向格状，桁架系统新的结构表现诞生了。穹顶空间通过天窗（30m）进行呼吸。

辽阔的阿知须围垦地上可以眺望到平静的濑户内海上浮泛着的大大小小的岛屿。人工泻湖、绿色丘陵和体育广场成为2001年"21世纪未来博览会"的舞台。该如何建造既充分利用这些得天独厚的自然景观、又为市民日常所喜爱的穹顶建筑呢？

为实现超轻量穹顶

建造前所未有的能流畅覆盖体育馆和公共空间这大小两个空间的双子穹顶！该理念成为一切的出发点。内外两个空间连接部位的大屋檐、地板和顶棚都采用香味浓郁的当地产桧木。

大屋檐同时又是穹顶结构必需的箍（外环梁），并且，将其处理成波浪形，穹顶的形态更加轻巧，独立的姿态使人联想起飞翔的候鸟或波浪间漂浮的小岛。

波浪形状的双子穹顶是利用桁架系统得到的推动曲面（EP），大屋檐采用H型钢做成直纹曲面，一根基准曲线的平行排列和单纯的直线群，看上去复杂而有机的造型非常自然地得以实现。

Material	石	木	铁	混凝土	玻璃	膜

张拉整体桁架（TypeⅢ）和弹性撑杆式张拉膜两个系统的"结合"是连贯的。

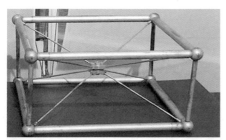

复合型张拉整体桁架（TypeⅢ）。为在地震、台风中也能保证刚度，1个单元内安装8根张力杆的同时，施加PS力。缝隙节点用薄钢板制成。

缝隙节点构造

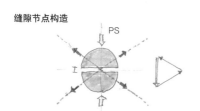

张力环下方的隔离器（隔震橡胶）

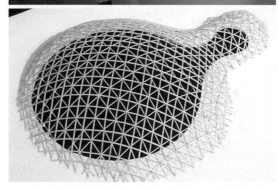

上：看上去很随意的穹顶造型，起源在哪里呢？ 中：答案是A・高迪的"反吊原理"。将相连接的大小穹顶，用链锁网制作成连续曲面。下：最接近该力学形态的数理形态是推动曲面，一根抛物线拱沿着导线滑行，然后用蜿蜒的边界曲线去切取就可以了。体育（棒球等）轴线的设定是重要的。

　　在由张拉整体桁架与弹性撑杆张拉膜组合的超轻量穹顶系统中，为确保顺利地向张力杆施加张力（PS）考虑了缝隙节点方式，膜体的反力将全部被桁架节点直接吸收。

　　此外实施的"利用支柱橡胶支座实现穹顶隔震"，"飞索的开口处理"，"穹顶安装Up & Down工法"这些技术都与规模大小和重量无关，具有广泛的适用性，可以期待多样化的展开和推广。

　　该穹顶的最大特征是直径30m的天窗。结构上看是封闭连续体的穹顶开口部正像罗马万神殿圆形天窗（直径9m）那样，可以形成气流，使整个穹顶自由呼吸。穹顶的目标主题也正是被透明、发光膜体包覆的"环境建筑"。

万神殿的圆形天窗

Year		B.C.	A.C.	1000	1600	1800	1900	2000

58 利用多面体的建筑设计

Polyhedral Architectural Design

正多面体可以组成不可思议的世界。粘贴、分离、连接，穿梭于数学世界和实体空间中，乐在其中。

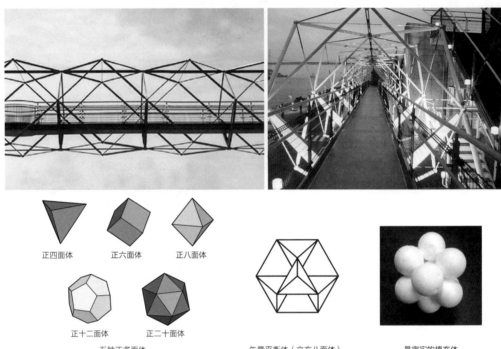

正四面体　　正六面体　　正八面体

正十二面体　　正二十面体

五种正多面体

矢量平衡体（立方八面体）

最密实的填充体

上：唐户桥（2001年）。当被问到连接市场楼和停车场的步行桥"能否做成海水泡沫那样"时，最初浮现在脑海里的是筑波世博会的张拉整体标志物，尝试做了由中央向外周扩展的4个三角形，但没能成功，于是改变思路：外壳弦索组成的多角形立方八面体连续布置并相互连接，利用桥面结构增设抗弯构件。下：5种正多面体、矢量平衡体、最密实的填充体。

　　一般认为多面体的设计有两大流派：一个是从正多面体到球体、创造出"单一空间"世界；另一个是将肥皂泡球体连接起来，填满所有空间，创造出"集积空间"世界。

由立方八面体扩展的世界

　　若干个多边形在共享边界的同时在空间内部连接形成多面体。纠结于人类从何时开始使用多面体没有多大意义，因为自然界从原始时代开始，就存在着无数的多面体。

　　像豆沙面包一样，没有贯通孔的"纯粹多面体"顶点、棱线、侧面的个数V・E・F之间，V−E+F=2（欧拉多面体公式）是成立的。一个正多边形，其各顶点周围汇集着相同的正多边形就是正多面体，被称为正多面体的有4、6、8、12、20等5种正多面体；与之相对的2种以上的正多边形聚集的准（半）正多面体有13种。其中，多面体鼻祖的代表人物B・富勒最关注的是具有6个正方形和8个三角形的"立方八面体（cube octahedron）"。

| Material | 石 | 木 | 铁 | 混凝土 | 玻璃 | 膜 |

野口勇的多面体。左：水户艺术馆瞭望塔（1990年）。据说是当时年轻的野口与富勒在交谈中构思出的造型。右：高松市公园中的儿童游戏玩具。

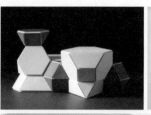

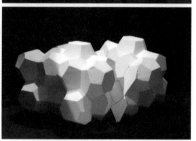

今治市伊东丰雄建筑博物馆（2011年）。日本第一个建筑师博物馆包括"铁帽子"（展示馆）和"银帽子"（工作室和研究室）两个空间，以美丽的濑户内海为背景，矗立在大三岛斜坡上。切顶四面体、切顶八面体和立方八面体（OTC⊥）组成的多面体建筑，无论室内还是室外都充满了乐趣。

上：马德里托罗哈研究所（1951年）。迎接来访者的正12面体煤炭库。中：Cu-ron House（2000年）。"立方八面体"，如取下水平弦杆可折叠起来。下："水立方"多面体几何模型。2个正十二面体、6个十四面体构成12个单元，利用其周期性进行空间填充后，切出平行的2个面，制作屋顶、墙面。

由于放射方向（爆炸）和同方向（约束）的两种矢量大小相等，故命名为"矢量平衡体"或"Dymaxion"。从这里产生的"Dymaxion"地图朝着正二十面体转移，不久发展为"Geodesic Dome"——通常被称为"富勒穹顶"的世界。

另一方面，立方八面体的另一个始祖是"最密实的填充"。就是在一个中心球的周围塞满球，如再填塞第二层、第三层，壳体相叠的话，集积球的增加数量与铀中子的数量相符合，这个类推很有趣，也很令人费解。

在有关多面体集合的研究中，"肥皂泡"的集合问题很有名。所谓开尔文问题（1887年）就是将"空间分割成为边界面积最小的等体积的小多面体"是什么？答案是开尔文的十四面体，即切顶八面体。约100年后的1993年，爱尔兰物理学家丹尼斯威尔和罗伯特费兰发表了"通过将2种多面体组合，边界面积可减少约0.3%"的论文，对其验证是非常困难的。不管怎样多面体相当深奥。

59 | 从悬吊膜到喇叭形张拉膜

From Suspension to Horn-shaped Membrane

悬吊、顶推，通过发掘膜的固有抵抗形态诞生的融合"形和力"的膜结构设计。

筑波世博会·85·中央车站遮阳膜结构（1985年）。"膜"具有其他材料——RC、钢和木材所没有的魅力和结构上的奇妙之处。膜结构具有轻质、柔软、超大尺寸、自由形态和施工快捷的特点，是兼有防水、装饰、结构等多功能的材料。虽说如此，但设计者如不熟悉这些材料，就不能充分发挥其特长，悬吊膜也是其中之一。当时计算机解析还没有普及，还没有"膜找形"等技术，只能用线材（缆索）来模拟和代替膜体，然而膜受力和形状等施工结果与计算值出奇的一致。模糊性材料的模型化还是越简单越好。

环视我们的周围，可以发现很多使用织布和薄膜等的"膜结构"，比如衣服、伞、游艇的帆、气球、住宅和穹顶等，不胜枚举。

相对于利用空气压力寻求稳定的充气膜，通过膜体制作成"型"达成自身稳定的是张拉膜。膜面往往不会像旗帜那样随风飘舞，也不会因积雪而下垂，这需要膜面始终保持良好的曲率和张力。

在高斯曲率为负的马鞍型（HP）曲面上施加初期张力，以提高膜的刚性，这种想法产生于1930年代，不过真正将其运用到建筑领域的是F·奥托。基于高、低支承点形成的膜曲面造型具有无限的自由度，并且优美无比。除了这种被称为"悬吊膜"的形式，也有在拱等刚性构件间实施张拉的膜形式，作为永久性建筑，这种"骨架膜"是最普遍的结构，但未能发挥膜本身所具有的形态抵抗能力，长期使用后的应力松弛处理也是一个问题。

Material	石	木	铁	混凝土	玻璃	膜

| fig.1 |　**钢索增强充气膜结构**

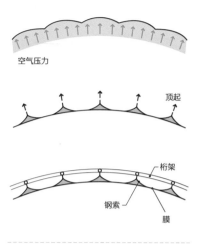

空气压力

顶起

桁架

钢索

膜

天王寺博览会・88，世界集市建筑（1988年）。将蜂巢状索网中点处吊起的悬吊式张拉膜。安装也十分有趣，用蓝防雨布围合根部，注入空气，膜体成为不稳定的穹顶晃动上升。然后在单层桁架的节点处，边收紧顶点，边向膜面施加PS力。

桁架穹顶
鼓风机
膜体
索网
悬吊式张拉结构

虽然贴附在骨架上，与钢板用法相似，但发挥了膜本身的形态抵抗特性，与轻质支撑构架共同发挥作用，这正是"喇叭形张拉膜"的目标。取代充气膜屋顶的内压，将膜体吊起或向上顶升，如有必要可设置加强缆索。线固定变成点固定，在膜体上安装的五金件数量和安装时间都大大减少。

支架式张拉膜。将悬吊式支撑结构设置在膜下方，支架向上顶。机理是一样的。膜面relaxation（应力松弛）的吸收维护也容易，如果在支架里置入"弹簧"，就不需要进行保养，原理与按钮式雨伞一样，任何时候都能够保持初期张力。

σ0：初期张力
ε0：初期应变
Δε0：应吸收的应变
膜的应力和应变

试着改变一下构思

采用斜交索网对扁平充气膜进行加强的所谓"钢索加强型充气膜"，就像哥伦布的鸡蛋构思。在D・盖格的创新体系中，使强度较小的膜单元产生微凸面，以对上吸风产生"形态抵抗"，利用钢索实现"膜面区域化"和"整体抵抗"的想法是卓越的。

到现在为止，使用索网取代内压，试着将每个索网格围起的膜中间位置吊至上部的支撑结构，就会形成喇叭状的凸曲面，这就是"悬吊式张拉膜"。如果取代"悬吊"，采用将膜面顶起的方法就是"支架式张拉膜"。总之不进行立体裁剪的平膜面也可以简单地制作出初期形状，如有需要，完工后再张紧也极为容易。膜材特有的"波"的表情富有变化，而且对声音也有一定的扩散性，融合了"形与力"的膜结构设计，瞬间变得十分有趣。

Year		B.C.	A.C.	1000	1600	1800	1900	2000

充气膜

Membranes Inflated by Air Pressure

| fig.1 | 左：剖面图　右：平面图

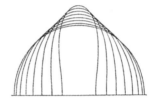
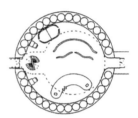

大阪世博会·富士馆（1970）年。该建筑物由空气膜管拱群组合而成，其规则的确简单而自然，即"建立在圆形平面的圆周上，接触线互相连接。长度和粗细都统一"。通过模型重复上述全部规定和定义，体验一下超越想象的形态所产生的瞬间十分有趣。拱管的内压相当高。

　　尽管眼睛看不见，但无论在哪都取之不尽用之不竭，这就是空气。利用空气的力量创造建筑空间的梦想是何时、何人开始拥有的呢？一般认为始于飘浮在18世纪凡尔赛宫上空的孟格菲兄弟的热气球。向充气膜结构挑战在20世纪中叶全面展开，在W·巴德和F·奥托的带领下，有了稳定的发展，其中一个高峰是大阪世博会（1970年），实现了众多项目。其中被誉为奇才的村田丰绘制的前所未有的造型给人们留下了强烈的印象。

　　"富士馆"奇特的结构体系和形态，让世界感到震惊。基于极为简洁的结构原理诞生的该充气膨胀式管群，同时包含了诸多需要解决的结构问题。从确定形状、材料、建筑节点、施工方案，到明快的规划和设计，为该领域的发展做出了巨大贡献。从这个意义上讲，作为结构设计者的川口卫发挥的作用受到了高度评价。对建筑师来说，"空气"在空间和造型上，都是难于驾驭的材料。村田丰所具有的感性为单调的充气膜结构注入了新的生命，一直在激发包括能源和环境在内的新的可能性。作为引领时代潮流的建筑师，如果至今还活跃在这个领域的话，会开拓出怎样的新世界？

熊本公园穹顶（1997年）。构思是大地上轻轻掠过的"浮云"，直径107m的双层充气膜结构从普通充气膜结构的密闭性中解放出来。为了使内部空气层保持一定厚度，设置了中心环和上、下弦索。穿过"浮云"上的开孔，进入膜体中央，展现在眼前的是"与未知遭遇"的空间。

| fig.2 | **充气包的构造**

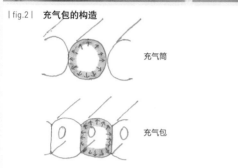

充气筒

充气包

| fig.3 | **索分布**

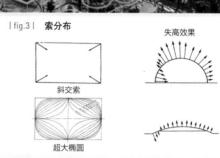

斜交索

超大椭圆

失高效果

代代木体育场旁的充气膜下，建设了比约恩·博格的网球教室（1985年）。采用的不是管筒，而是将上、下膜间的竖膜（襟翼）开口并连通，拱顶整体的内压能同时上升。

东京穹顶（Big Egg，1988年）。低矢高索加强型充气膜，经盖格提案，在大阪世博会美国馆得以实现。基本的结构理念有三条：第一、对索网和膜单元的应力，进行排位和形态抵抗利用；第二、采用低矢高，控制上吸风荷载；第三、将索按照超椭圆平面对角方向布置，以此控制边界结构的弯曲。

建筑师村田丰设计的网膜式充气膜结构。左中："建筑学会"亲子建筑和城市讲座"（江户东京博物馆，2001年）的三连气球。在广场充气膜内，摆满了孩子们用各种颜色纸箱做的住宅，进行了避难和住宿体验，能切身感受到"空气的力量"。右：冲绳博览会芙蓉集团馆（1981年）。穹顶通过内置桁架，诞生了从内压中释放出来的展示空间。

"东京建筑园"活动，孩子们用报纸制作的充气穹顶，用电风扇吹起的穹顶有如童话世界。

| Year | | B.C. | A.C. | 1000 | 1600 | 1800 | 1900 | 2000 |

61 | 新型膜设计

New Membrane Design

　　西班牙安达卢西亚地区帕拉多尔酒店中庭，正午时轻质膜屋顶遮挡烈日阳光。罗马科洛西姆斗兽场也曾经设有巨大的开闭式膜屋顶。除结构体外，以织布和薄膜为代表的膜的作用是多种多样的。在蒙古包上看到的皮膜是结构体、环境控制体，也是内装材料和艺术品。细想一下，其实我们的人体也被具有呼吸、代谢等高性能的称为"皮肤"的膜体所覆盖。

　　在欧洲很久以来膜材不仅用于装饰，还用于顶棚和内壁。由于日本防灾性能标准非常严格，所以普及推广较晚。最初，光膜顶棚是丙烯产品的代替品。膜顶棚作为发光体引入建筑空间，最具魅力的范例是"东洋炉机全球总部大楼"＜2006年＞和村山综合文化综合设施"甑叶广场"（2010年）。

　　近年来，发生了多起大跨度建筑顶棚的坍塌事故，无论是新建还是改建建筑，对膜屋盖的效用有着很大的期待。

村山市综合文化复合设施"甑叶广场"（2010年）中心，图书馆天井顶面上（40×15.5m）安装着悬垂型one way光天井。24张光膜光滑如一整张曲面膜。为使钢结构骨架的影子不落在膜面上，对照明方案进行了周密的设计，足尺模型使施工实验取得了很大的成果，膜天井为严寒的北方地区带来了温暖和安全感。（上©鸟村钢一）

上：伦敦泰特现代艺术馆展示的巨大膜雕塑（2002年）。左下：为上海世博会展馆增色的膜曲面。右下：覆盖北京奥林匹克运动会游泳馆（2008年）"水立方"外表面的ETFE气枕膜。

迪拜海岸边的超高层酒店（321m）阿拉伯塔酒店（迪拜帆船酒店）（1999年）。高大的中庭北侧外墙全部被透光的特氟龙膜所覆盖。

柏之杜展示厅（2007年）。约6m间隔的雨水管能传递风（上吸风）和雪的荷载，也兼用作照明柱。通过支柱顶部的通风孔进行自然通风，不存在钢板屋顶的辐射热。

慕尼黑郊外的安联体育场（2005年）。被ETFE气枕包裹的建筑通过单元上安装的照明系统，可通体变换色彩，鲜艳夺目。

东京丸.大厦的"MARUCUBE"（2010年）。AND展上构思的"A-Sphere"是双层表皮覆盖的多层测地线穹顶。外皮的六角形单元，具有抗风和防晒隔热性能，内皮是整体膜，可确保水密性。

62 空中步道令 城市更多彩

Cities Colored by Sky Walks

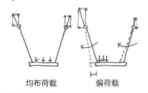

| fig.1 | 斜吊的不稳定性

均布荷载　　偏荷载

千禧桥（伦敦2001年）。这座连接北岸城市和南岸萨瑟克地区的"世纪之桥"的设计竞标是在1996年，200多个参赛方案中选出的"Blade of Right"被认为"恐怕是至今最纤细（危险）的吊桥"。通常吊桥墩距垂跨比是10左右，而这座桥达到60！并且，吊索如此倾斜也是没有先例的。桥摇摇晃晃，开通后不久就关闭了。"与其指责通过者胆小，不如指责设计过于大胆更贴切"，为诺曼·罗伯特·福斯特会见时的这句话，奥帕·阿拉普为解决问题进行了努力，原因是被称作为闭锁效应的共振现象，据说，步行者无意识地助长了这种摇晃。此后安装了91个由NASA开发的粘性阻尼器（水平）和TMD（垂直），2年后"锋刃"奇迹般地得以复苏。

横穿城市的河流为城市带来情趣和安逸的同时，也限制了人流的活动。将其连接并为城市带来活力的就是"桥"，尤其人车分流的"步行桥"更发挥了极大的作用，不仅改变了街道的风景，也为来往的行人带来了新奇的愉悦和休闲时光。

譬如，伦敦泰晤士河上，在圣保罗大教堂和泰特现代艺术馆这两个新旧标志性建筑的轴线上架设了千禧桥，这是从1894年泰晤士桥建成以来的首座步行桥。每天早晚除了络绎不绝的游客外，伦敦孩子们轻快的脚步声也不绝于耳。

再比如巴黎的塞纳河，多达30多座桥梁架设在这条蜿蜒曲折河流的左右两岸之间。两座新的步行桥诞生在这一片世界文化遗产街区内，它们呼应着这一地区特有的历史和文化底蕴，同时出色地解决了"连接不同水平高度"的技术难题。

沃兰汀步行桥（毕尔巴鄂，1997年）。建设中的弗兰克·欧恩·盖里的所谓"毕尔巴鄂效果"，由于圣地亚哥·卡拉特拉瓦再度成为话题。从美术馆乘坐市营轻轨电车，行走于郁郁葱葱的绿色之间，不久，映在弯曲河面上的巨大白色拱的画面突现眼前。该桥有两个关键点：第一，倾斜的拱和弯曲的桥面不在同一个平面内，而是互相交叉的，覆盖桥面的悬索构成了步行者的围合空间，三维的弦索配置使拱形材的尺寸纤细到了极致；第二，由引桥向主桥途中，设置了附带坡道的桥台，它与结构造型形成共鸣，为连续的城市空间带来了戏剧性的变化，毕尔巴鄂整个城市的面貌为之改变。纳尔温（Nervión）河上架设的这座步行桥，不仅给这一片工业区、也给整个城市增添了新的活力。

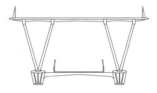

| fig.2 | "索尔菲利诺桥"剖面

| fig.3 | 西蒙娜德波伏娃桥剖面

6m

"索尔菲利诺桥"（巴黎，1999年）。没有哪个城市像巴黎那样，沿河拥有如此美丽的风景。在连接杜勒丽花园和奥赛博物馆的这座桥上最大的课题是用何种最适宜的方法，将附近具有悠久历史的步行桥网络连接起来。如何超越步行桥单纯的点与点连接的一维性质，将其升华为有魅力的形态呢？这向马克·米姆拉姆的城市改造工作提出了挑战。尽管跨度约110m的结构体是对称的，但如果使用非对称的上下路径的话，河岸的步行街和对岸就直接连通，通过将两个木质桥面互相贯通，获得了理想的动线，产生了光和影。没有预料到的是与千禧桥一样，这座桥也在通车后不久发生了共振问题，在安装减震装置前被迫关闭，现在像什么都没发生过一样，人们穿梭往来，络绎不绝。

"西蒙娜德波伏娃桥"（巴黎，2007年）。贝尔西位于塞纳河南端，是持续几个世纪贮藏葡萄酒有着浓郁香味的历史地区。然而从1990年代开始，由于建设了贝尔西公园、大体育馆以及对岸的国立图书馆而失去了往日的宁静。在不切断与塞纳河并行的干线道路的前提下，解决接连两岸的3个水平高差的课题，不仅重要而且困难。费英格Vaihinger和RFR的设计团队提出的结构形态是与蓬皮杜中心相同原理的格贝式梁。由箱形断面的上弦构件（扁平拱）和钢板的下弦构件（拉杆）组成的中央部位镜片型张弦梁（106m，550t），从阿尔萨斯的莱茵河经北海运抵塞纳河，从船上吊起后直接安装在悬臂部位。拱（抗压）和悬吊装置（张拉）互相贯通的两个曲面桥面，是感觉不到重力的流动性空间和造型，彻底改变了贝尔西周边的气氛，将进一步推动城市的发展。

| fig.4 | 塞纳河的步行桥

① 索尔菲利诺桥
② 西蒙娜德波伏娃桥

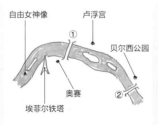

自由女神像　卢浮宫

贝尔西公园

奥赛

埃菲尔铁塔

"内森巴赫桥"（斯图加特，2000年）。邻近铁路桥的这座汽车专用弧形高架桥位于两侧隧道之间，其卵形通道由谷底延伸的单根长柱所支撑。该桥的特点是其屋顶提供了自行车道。在坡面向下骑行的自行车，瞬间掠过桥面，冲向对面的高地，享受有如过山车般刺激的年轻人的身影，好像乘风飞翔的小鸟。

| Year | | B.C. | A.C. | | 1000 | 1600 | 1800 | 1900 | 2000 |

63 | 为景观增色的步行桥

Natural Scenes Colored by Foot bridges

"兹然兹恩步行桥"（瑞士，1994年）。这座小桥架设在维亚玛拉溪谷上，技术与造型完美融合，是极简主义屈指可数的杰作。其特点之一是道路南侧的石文化边界，采用石材（厚6mm的花岗岩板块）建造作为其象征，并作为吊桥桥面板结构要素加以利用。具体做法是桥底部沿长度方向安装钢材（钢板），并施加后张力，使其与桥面石材面板形成整体。尽管预测跨度40m的悬吊桥面垂直方向的振动是非常困难的，但通过结构一体化，结合石材的重量，弯曲、扭曲效应就不至于发生令徒步旅行者恐惧的摇晃。石材间相互接触的地方不是采用砂浆，而是插入铝质的填缝材料，桥端部通过弹簧钢板以缓冲形式向锚栓传递应力。在低侧桥台处施加PS的细部节点也非常有趣。

北意大利名胜地科莫湖的前方不远处就是瑞士，从这里向北，沿着过去的罗马大道前行，不久就来到维亚玛拉幽深而险峻的溪谷。美丽的徒步旅行路线上，现在已经架设了几座步行桥，其中有3座桥是由库尔的工程师约格·康策特（1956~）建造的，遗憾的是其中一座因落石而坍塌，目前已经不复存在。第2座桥是石材、木材和钢材混合的张拉结构形态，不追随世界流行的自由形态，而是扎根于瑞士传统和文化的精心结构设计令人感动，可以说这也体现了彼得·祖索尔（Peter. Zumthor）和V·奥尔加特（valerio olgiati）在该地区长期协调工作的默契。

库尔的"萨尔基纳山谷桥"就在附近。据说与M·施莱希一起在苏黎世联邦理工学院（ETH）学习的约格·康策特很憧憬梅拉尔特熟练运用材料的结构形态，并被卡尔曼（Kuhl mann）的图解法深深吸引。

| fig.1 | 第二托拉法基那桥

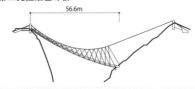

"第二托拉法基那桥"（瑞士，2005年）。伫立在桥头，能同时感受到壮观和恐惧。溪谷深度如目瞳般深邃，但实际登上顶部时，并没有多少压迫感。道路部分结构宽2.6m，宽于台阶的踏步（宽1.0m），在提高横向刚度的同时，作为"遮眼罩"挡住步行者正下方的视线。落叶松集成材中，安装了预应力缆索，充分的刚度防止令人不快的振动。一体化几何结构包含斜吊装置，要完成复杂的结构设计，需要熟练的设计能力、包含节点细部的缜密构思和基于解析技术/施工法的细部设计。约格·康策特（Jürg Conzett）的全面性挑战，在维亚玛拉创造了其他场所无法模仿的结构艺术。

梅之木矗公园吊桥（熊本，1989年）。

"新板式吊桥的尝试"（柏林工科大学）。如果板式吊桥的缆索考虑使用现在能使用的最高强度的材料，那就是碳纤维了。由于碳纤维高强（普通钢铁的10倍）、轻质（钢的1/5），飞机和赛车等都应用这种材料。但不可思议的是建筑领域除了用于加固外极少使用。柏林工科大学施莱希领导的研究室近几年使用这种材料建设了实验性质的桥（15m）。支撑厚10cm混凝土桥面的是厚1mm的带状碳纤维索。目前已经开始进入下一阶段的研究，那就是模仿人体肌肉的高智能减震器。这座轻质、明快的桥，在不增加重量的前提下，作为高效稳定的新体系，持续受到关注。

马克斯·埃斯湖步行桥（斯图加特，1989年）。1980年，以这座缆索吊桥的设计为契机，J·施莱希和鲁道夫·贝格曼从弗里茨·莱昂哈特的事务所中独立出来。莱昂哈特的意见是将桥面设计成直线，主塔应建在两侧。无论从上方的葡萄园看还是实地走一走，这座桥宽敞舒适的坡道左右着桥梁的机能和周围的景观，给予人们的舒适体验是不言而喻的。桥梁跨度114m，但桥面板的厚度仅30cm。

| fig.2 | 吊桥和板式吊桥

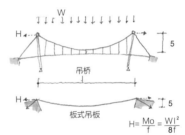

$$H = \frac{Mo}{f} = \frac{Wl^2}{8f}$$

吊桥（A）和板式吊桥（B）力学机理的基础是形和力，即矢跨比和索张力（水平推力）处于非分离点中，对自重时的关系用简式表示，一般f/t标准值（A）约为1/10、（B）约为1/50左右。即（B）是（A）的5倍左右，垂度较小，相应的索张力（水平反力）较大，锚碇的设计（力向地基传导方法的讨论）变得更为重要。板式吊桥的最大魅力是能直接在架设在两个桥台间的缆索上行走。无论是在力学还是视觉上，如此简洁的结构形态是无与伦比的。尽管可以无视细小受压杆件常有的屈曲问题，但需要确保应对变形和振动的必要刚度，除了增加重量的方法外，有时也能利用栏杆与钢铁杆件之间的摩擦衰减效应，这也是非常有趣的。

埃辛格木结构步行桥。德国PAPALIA地区风光明媚的莱茵河和多瑙河上架设的悬吊式木结构桥。漫步在约200m长平缓起伏的桥面上，令人心旷神怡。

| Year | | B.C. | A.C. | 1000 | 1600 | 1800 | 1900 | 2000 |

| **饶有趣味的桥**

Humorous Bridges

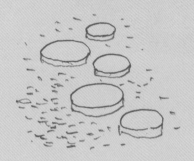

"卡兹布克克尔Kattsubukkeru桥"（杜伊斯堡，德国，1999年）。刚才还是普通的平坦路面，无声无息间慢慢弯曲起来，也许是初次看到的缘故，路上的居民也好奇地停下脚步，守候着变化的过程。大约5分钟时间，动作结束，桥面变成了高9.2m的拱形，"Kattsubukkeru桥"即成为"怒猫弯曲的脊背"。后拉索利用液压机构缩短3m的话，锁状连接的预应力预制面板（PCaPC）竟长出3.65m，桅杆顶部小的水平位移（1.7m），大大减少了缆索垂度。形态改变这一"机构的力学原理"是构思的起点。欧洲的内港是由拥挤不堪的船坞网构成的，据说从桥下通过的船只90%从中间高点位置通过。设计竞标最终采用了与奥托竞争的施莱希的方案，灵活的、可活动的桥得以实现。

岩国的锦带桥由三个连续的木拱构成，以其与周围景观相协调的造型美、独创性的结构和其中蕴含的工匠技能，成为日本的骄傲，并进入世界文化遗产名录。这座名桥有着十分有趣的一面，白天行人稀少的时候，站在拱顶端回望，邻拱的顶端会突然冒出人头来，一个接一个，就像演员从升降舞台源源不断登台亮相的情形，十分有趣，百看不厌。

在中国也可以看到石砌步行桥，人从桥身较高的拱顶上走过。如果桥平时是平的，突然无声无息间变身为拱形，如此异想天开的步行桥该很有趣吧！

或者，人们平时漫不经心通过的小步行桥，某一天，桥体缩成一团展现在眼前，就像潮虫那样。

只是在栏杆装饰、饰面材料方面花心思，不会有令人陶醉的设计。优雅知性的步行桥将自然的微笑表情——即艺术和技术相结合的"步行桥"世界展现在人们眼前。

"蒂尔加滕狮子桥"（柏林，1838年）。这座小桥位于公园的茂密丛林中，该公园位于柏林市中心、占地辽阔。身姿挺拔的铁狮将缆索紧紧咬住的姿态，令人忍俊不禁。过去，德国的吊桥建设相比其他国家并不是很先进，尽管如此，还是充分意识到钢缆索的前景，这座桥作为当时的实验性成果于1958年复原保留下来，是保护文物。公园西侧的夏洛滕堡宫内，有1801年建设的12m跨度的铸铁桥，使人联想到铁器的黎明时代。那座有名"铁桥"也是该庭园中最受欢迎的景物。

"滚动之桥"（伦敦，2006年）。位于布鲁内尔设计的帕丁顿站旁，写字楼北区入口水边一角。小型步行桥全长12m，看上去平淡无奇，但每周五中午，会展示其见所未见的独特表演：步行桥上安装的7组装置中的油压缸缓缓伸出，桥的一端静静抬起，就像毛毛虫卷起尾巴那样，简洁而美丽。桥的动作虽然没有什么特别意义，但触动了我们平常隐藏的童心，饶有趣味。为艺术构思和结构设计完美结合的结构艺术干杯！（上：©Loz Flowers）

"皇家芭蕾舞学校桥"（伦敦，2003年）。喧哗的文特花园不远处花街上空架设的这座桥，瞬间给人以惊奇。夹道两侧的R·芭蕾舞学校和R·歌剧院的建筑物近在咫尺，但对芭蕾舞演员来说却是咫尺天涯。参加设计竞标的5个拱桥方案共同的主题是"舞蹈"，W·埃尔明快洗练的设计，得到了评委的首肯。跨度9m的桥由23个正方形铝框架组成，按每4°旋转，最终旋转90°成为稳定的端点。但该框架其实是二次构件，关键的结构体是地板下面的箱型桁梁。为了获得内、外观的通透效果，空调系统设在该箱形桁架内。整个桥身预先拼装完毕，后用起重机吊装。竣工后的桥承载着芭蕾舞演员们的梦想，也被称之为"Bridge of Aspiration"（理想之桥）。（右上二© Peter Cook/View）

| fig.1 | 皇家芭蕾舞学校桥

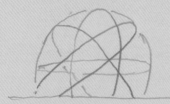

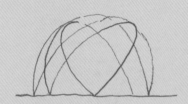

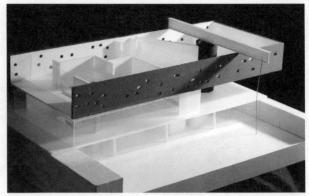

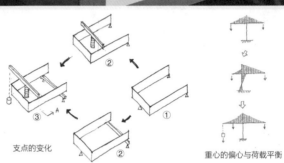

回顾"波尔多住宅"（1998年）的构思过程，感到意外的简洁。① 冂字形墙面由a，b，C三点支撑；②a向内侧，c向外移动，壁梁上/下设置钢构梁；③将a从中心挪动，利用钢构梁顶端的张力杆件，使梁的应力取得平衡。

图中文字：支点的变化　　重心的偏心与荷载平衡　　② ① ② ③ A

"波尔多住宅"的委托人在考虑建新住宅并寻找建筑师时，遇到了交通事故。在此两年后，不得已只能在轮椅上生活的业主，再次考虑建造新居。或许是想从传统的住宅和中世纪街景的束缚中彻底解放出来，建设用地位于能纵览整个城区的山顶。业主向建筑师科尔豪斯提出的希望只有一条："想拥有的是既简单又复杂的家"，并首先提出了业主夫妻、两个年幼的孩子和女佣等3个不同的居住空间方案。问题是如何使建筑体量浮动及飞跃起来，与结构工程师C·巴尔蒙一起，将结构构思草图画在餐巾纸上，"试着移动柱子的位置，看会发生什么变化，计算是以后的事，简单的力学流线才是引导非正式空间的关键"，这就是C·巴尔蒙风格的结构设计。由于"难以解读的力的传递"，在其下方除玻璃外，几乎看不见结构体，巨大的体量缓缓地从地面飞向天空。

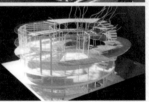

上/右下：富士幼儿园Ring Around a Tree（2011年）。可以看到结构，但由于铁、玻璃、家具和树木互相融合，"力学"作用看不太清楚。在椭圆的圆周和射线方向，各设4根梯子形的通天柱（抗震空腹柱）。角柱直径为30～70mm，钢板楼面的厚度为6～9mm，既细又薄。为避免影响大纪念树的生长，浮于沙层上方的浇筑RC楼板将经年累月的荷载直接传递至钢管桩上。
左下：富士幼儿园（2007年）（上：©木田胜久/FOTOTECA）

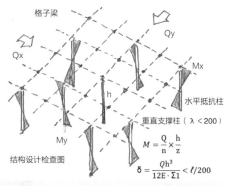

格子梁

Qx

Qy

Mx

水平抵抗柱

重直支撑柱（λ＜200）

My

结构设计检查图

$$M = \frac{Q}{n} \times \frac{h}{z}$$

$$\delta = \frac{Qh^3}{12E \cdot \Sigma 1} < \ell/200$$

"KAIT工作室"（2008年）。无数林立的"薄扁钢"，创造的建筑空间，似乎边界不存在，建筑师前所未闻的构思和造型通过力学得以实现。扁钢一共305根，其中42根是垂直支撑柱（厚55～62mm，宽80和90mm），其余263根是从屋顶结构悬吊下来的水平抵抗柱（厚16～45mm，宽96～160mm）。2种"柱子"的方向、位置看上去是随机的，实际上是建筑师在这个可以自由选择墙柱的"竞技场"上根据基本的力学原理预先设定的，采用预加载方式，确保单薄的抗震柱在自重和积雪荷载时不会发生屈曲和振动；同时为使支撑柱不承受地震力，暗设了铰接节点。（左：©石上纯也）

| fig.1 | M图　自重（完成状态）

弯曲应力和曲率半径

$$M = \frac{EI}{R} \rightarrow R = \frac{EI}{M}$$

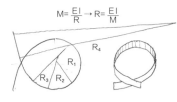

施工流程

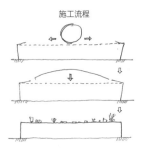

「无挠曲桌子」的结构原理与制作/实施方案

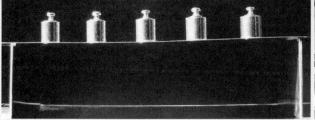

上："桌子"（2005年）。下：原理模型。在一张薄铝板上只放1个砝码就会发生大的挠曲，不改变铝板的厚度，又不发生挠曲，不言而喻采用张弦梁即可。但在未采取任何措施的薄板上，即使放5个砝码，薄板也能保持平整是怎么做到的呢？虽然看到注意事项写着"Don't Touch"，手还是不知不觉就伸向了砝码：如果将砝码全部拿去该薄板将会是怎样的形状呢？相反如果再加上一个砝码又会如何呢？力学可以唤起想象力，越是简单的东西越是深奥、有趣。（上：©石上纯也）

力学与形态

Dynamics and Form

从匹兹堡乘车向东南行驶约两个半小时的"Bear Run"使人联想到茂密的森林、丰沛的溪流和出没的野生动物。顺丛林坡道向下，那里会出现考夫曼家族全体成员都喜爱的瀑布风景。究竟谁会想到不是眺望风景，而是在上面建造住宅呢？

"流水别墅"（1936年）被认为是"人与自然最崇高的融合"，在地平线上表演的最壮观阳台所围合的流水别墅，实现了有机且自由的空间构成，可以说是对当时执着于创新性RC悬臂梁结构技术的F·赖特的巨大挑战。

就如G·伽利略曾经将力学作为科学，从"悬臂梁"开始那样，这也正是结构设计的原点。简单与危险同在，历经60年岁月的阳台出现的挠曲也是有目共睹的。为了防止流水别墅的阳台出现坍塌的危险，1995年决定实施包括后张预应力的大规模修复工程。

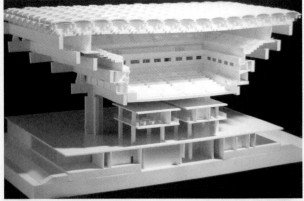

【悬臂梁】上："国立京都国际会议中心设计竞标方案"（1963年）。菊竹清训设定的最大主题是：建造能为世界人类和平、共存做出贡献的开放式会议中心。其新颖的构思利用与斗栱相似的立体梁，设计出极具震撼力的外挑形式和空间构成，其思想性在建筑界引起了很大的轰动。左下："一又二分之一·View"（2006年）。像鸟笼一样的预应力预制构件箱，在基础上向海面挑出跨度达9m。右下："Hoki美术馆"（2008年）。被跨度30m的悬臂梁结构包围的美术馆面向着昭和公园的树林，给人以腾飞的印象。

| fig.1 |　3铰结构的弯矩图

【3铰结构】上："众人之家"（2002年）。向当地居民开放的这个大厅，被9组树形结构所覆盖。立起1根柱子是困难的，但将顶部环件连接起来即形成稳定的"森林之粒"。左下："庄臣公司总部"（1944年）。与自然树木相反倒立着的蘑菇形柱子。面对顶棚玻璃管倾注下来的光束，浮现在眼前的是有力的列柱空间，难以想象隐藏在背后的结构机理。

| fig.2   **悬挑屋面的受力**

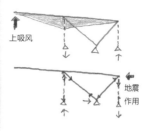

上吸风

地震作用

[天平结构]"静冈・Ecopa 体育场"（2001年）。为了与丰富的自然环境相协调，实现塑造的有机形态，设计了独特的天平结构方案，理念是"集积设计"。应用无脚手架施工法，后拉杆安装后，在前拉杆导入预应力。对于上吸风、下压风和跨度方向的地震力，由2个拉杆耦合进行有效抵抗，在预张力消失后，前拉杆发挥自身的作用。

[M图创造的结构形态] 伦敦滑铁卢车站

| fig.3   **自重时的M图和加强板的设置关系**

自重时的M图   加强板的设置

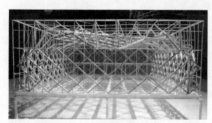

"砥用町林业综合中心"（2004年）。看似复杂其实相当简单。能否对不规则的形态做出简单且合理的定义呢？桁架坐标控制确保木和钢的格子、节点上的弯矩最小。

"布鲁日纪念馆"（2002年）。城堡广场保留着中世纪街景，曾经是教会遗址的水池上设计了惬意轻松的小空间。蜂窝状铝合金结构原本极其柔软和不稳定，结构无法自立的，然而根据门形弯矩分布尝试贴上椭圆形加强板后，结构变得惊人的坚固。根据"力分解操作"建成的建筑（结构）形式相当独特。

| fig.4   **钵卷结构的机理**

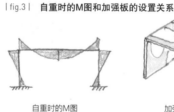

流水别墅的顶盖

密尔沃基世界大战纪念馆

【钵卷结构】据说支撑日本木塔最上层屋顶深挑屋檐的力学依据不是"天平原理"而是"钵卷结构"原理。依据三维力耦的转动抵抗建成的复杂出挑造型随处可见。左："流水别墅顶盖"（1936年）：上方环绕的钵卷式台阶形顶层，由单侧柱子轻松支撑，通过立体效果形成的薄膜式RC立意十分有趣。右："密尔沃基世界大战纪念馆入口通道"（1957年）。给人以高度紧张感的巨大单足钵卷结构。

Year		B.C.	A.C.	1000	1600	1800	1900	2000

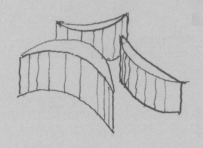

　　木材和铁都是硬壳式结构的素材，将这两种不同材料构成的建筑空间的质量差异进行比较是相当有趣的。下面区位条件完全不同的两个项目，共同点是"结构与空间"难以分割的紧密性。

　　清里艺术画廊建在八之岳东南麓，被落叶松木所环绕，与其垂直性相呼应进行建造。主体结构是利用结构用复合板进行预弯曲的4个"弓形箱体"，在随意摆放的箱体间空地上方架设屋顶，就产生了主空间。

　　另一方面，"铁之家"是在城市建造的超长期（200年）实验住宅。采用耐候钢板（耐腐蚀、锈蚀不扩展、无需油漆），在现场焊接成一体化硬壳式夹层结构，住宅内部不存在柱、梁、墙体等结构体，方便未来房间布局的变更。环绕中庭的室内外洋溢着极为畅通且开放的气氛。

"清里艺术画廊"（2005年）。构件层面采用通常的"椽组工法"（2×4），通过运用曲面形状建成硬壳式结构，对平面外的水平力也能发挥较大的抵抗作用，钢板的案例有"富弘美术馆"等。根据从单元群水平断面形状获得的截面系数，在上下连接和柱脚锚栓的设计中，可以反映单元外周部垂直方向面内（边）应力。这里特别重要的是要确保屋顶的水平刚度。（左下©冈田哲史）

"IRONHOUSE"（2007年）。耐候钢的色彩和重量感是出类拔萃的，抽象的"面"全面表现出铁的物质存在感。基于压型钢板的夹层结构钢板本身控制在3.2mm厚，通过采用大的平面外刚度，实现更为自由的结构形状。压型钢板和外面板之间设置了25mm的空隙，可填充保温材料，确保充分的隔热性能。

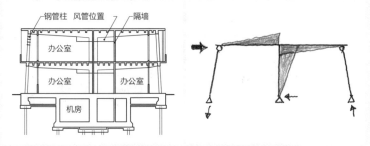

图：钢管柱 风管位置 隔墙 办公室 办公室 办公室 机房

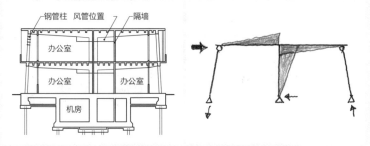

"读者文摘东京总部"（1951年）。这是日本终于从战后的混乱中摆脱出来的时代。异形结构如同芭蕾舞演员的单腿站立，为此，引发了关于抗震设计的批判和争论，即所谓"Ridai争论"，反映了日美思维的差异，抛砖引玉，促进了此后建筑界的发展。

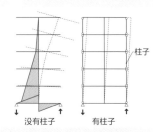

柱子

没有柱子　有柱子

"洗足连体住宅"（2006年）。为进一步发展"集合住宅20K"，让中央的分户隔墙转90°与楼板连接起来，因为墙柱已经不需要面外刚度，抗震墙厚度纯粹由面内抗剪决定，断面变薄，但需要更加重视楼板的水平刚度。防火设计性能提升，火灾时，中间柱（φ70～φ120）也能发挥作用，全部地板设计成平面（厚250mm）。空间的开放性和视线的交叉这一新的主题，成为今后城市居住形态的启示录，备受关注。

"集合住宅20K"（2005年）。每层2户的集合住宅，通过中间分户隔墙和关键的主墙柱以及像树枝般伸出的楼板、起支撑作用控制整个建筑变形的外围钢柱（悬臂桁架方式）构成结构系统，解放了围护结构，实现了当时为应对火灾的无间柱悬臂楼板（跨度4.7m厚420mm）设计。

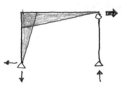

"熊本站西口站前广场"（2011年）。过去的熊本站西口是连出口都没有的住宅区。巨大的新干线车站建成后，周边规划进行了调整，但这里仍然是住宅区。为建造不以交通环路为主角，而是"以人为本的广场"，尝试设置了一连串带孔的隔断，人和车的区域被柔和地分隔，形成公园般悠闲的半户外空间。屋顶结构高5m，由2m×2m的钢结构井字梁（H=200）和随机布置的钢柱（φ216.3）构成。分户隔墙由钢板和压型钢板（D=100）焊接而成，墙柱也发挥着复合钢板墙的作用。

长冈市千秋"Teku-teku"车站幼儿园（2009年）。公园和相关设施的结合是该建筑的出发点，将○△□连接起来，如此简单的建筑手法，创造出贯穿内、外的个性表达，给人以深刻的印象。在承受强降雪的同时，通过结构和设备的共同作用，设计出明亮舒适的空间，亲子交流十分热闹快乐。

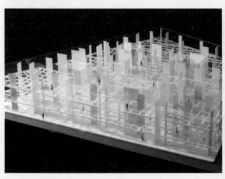

"圆之公园（EN-Park）"（2010年）。"要建造不受既有概念束缚的建筑，结构是建筑造型取得突破的可能性之一"。工期较短，仅一年半，为此采用预制混凝土（PCa，厚200mm）与钢板（厚6mm）的组合墙柱。该结构体（长度11.4m）由97根柱子构成，控制、展示1～3层的空间。"连空间如何使用都不知道，片面追求弹性空间是奇怪的，某种程度的不自由，能激发用户的想象力"。柳泽润的这一想法，现在以何种形式在展开呢？（右：©柳泽润）。

Year	B.C.	A.C.	1000	1600	1800	1900	2000

68

材料与自由形态

Materials and Free Form

据说"蓬皮杜中心"（1977年）极具创新性，它将概念、结构和设备融为一体，为此后的建筑界开创了新的潮流。2003年，分别担任第一次、第二次评委的伦佐·皮亚诺和理查德·罗杰斯公布了新蓬皮杜中心的设计竞赛评选结果，坂茂入选，其方案没有沉迷于奇特的形态，而是利用建筑自身的力量，为市民建造纪念性的建筑，其间，困难重重、危机四伏，坂茂以他的积极和热情一一面对。

奇迹般地跨越了时间、成本、技术、行政等难题，项目顺利完成。其实在此之前，他就作为备受人们赞赏和喜爱的建筑师而有着特有的自豪和喜悦。

该建筑设计的特点是用一个六角形平面的木结构大屋顶覆盖在叠层方管和立方体上。用六角形和三角形的单纯几何形态制作的自由曲面，是从竹子编织的帽子和笼子中得到的启示，或者说奥雅纳重叠的部件配置等是来自结构合理性的构思，然而整体的合理性到底是什么呢？我认为"在材料和自由形态"的课题中还有讨论的空间。

蓬皮杜梅斯中心（2010年）。关于该建筑的"材料和形态"，坂茂发表了几次意味深远的讲话，其中之一："实际上这座建筑的屋顶由单纯的几何形状构成，水平投影完全是正六边形，只是将其向上或下拉伸变形而已。不是生硬地、漫无计划地制造复杂形状，而是完全有规律可循，因此解析和施工都很轻松（中略），R.皮亚诺在'关西机场项目'中全力研究如何用相同尺寸的几何单元对不锈钢屋顶进行分割，喜欢这样的思路。将计算机数据提交给工厂，什么形状都能做出来，但尽可能减少构件种类和人工工时的观点更有趣"（新建筑2010.7）。

"曼海姆多功能厅"（1975年）。采用格状木构件（5m×5m，50m间隔）的网格壳体在地面上整体组装，通过自然成型（预弯曲）一举顶升到位，覆盖60m跨度的穹顶空间。

"大阪水郡项目"（2010年）。首先，将地面上竖立的竹子呈预弯曲状态连接在一起做成拱，然后用起重机将地面上组装好的竹格子放置到顶部，使其稳定。

毕尔巴鄂古根海姆美术馆（1998年）。F·盖里是为数不多的同时得到评论家高度评价和受到大众欢迎的建筑师。艺术和建筑的边界游离达到戏剧性的暧昧，雕刻色彩浓厚的独特设计与实用性格格不入。尽管如此，微妙的视觉修正和不间断的过程成果使观赏者感觉到这并不是建筑师的游戏。毕尔巴鄂也可以感受到这一点，他用草图描绘了建筑的千姿百态。然而建筑如何才能实际完成呢？引向实际的是计算机（决定形状和构件制作使用的是CAD）和迄今从未使用过的新材料。毕尔巴鄂使用的钛合金板厚0.38mm，屋面覆盖的金属板（2×3英尺）在强风的时候会由于表面空气负压如生物般浮动。

"Gravitecture大阪城"（2005年）。该项目将结构与空间构成以及重力的关系表现得淋漓尽致。施工中，将水平状态的16mm厚钢板放置在左右25mm厚的墙板顶部，达到自重下的弯曲状态后进行焊接。

"澄心寺配殿"（2009年）。佛教寺院100年后留下的是什么？那就是具有象征性的大屋顶。在其下方能自由改变的法堂、客殿和厢房经历了时代变迁得以保存下来。构想的RC壳结构大屋顶，成为人们记忆的容器、宗教空间的基础设施。从积雪荷载中解放出来的填充结构，使用易于增改建的"直交长压木结构框架"。从远处眺望，大屋顶的轮廓优美而雄伟。

上："体育场方案"（1996年）。解析的实验手法之一是运用"加压式张拉膜曲面决定法"，采用张拉整体结构，形成有机的穹顶造型。 下："takira·俱乐部方案"（1957年）。爱德华·托罗哈的RC自由形态（推动曲面）。

"托罗哈研究所的大象"（1951年）。试验台的悬臂屋顶，后方看是"大象"？！

69

流动的空间和通透的结构

Floating Space, Transparent Structure

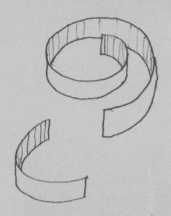

"仙台媒体中心"（2000年）。独立柱组大小合计13组，4组大直径的作为塔状悬臂柱发挥抗震作用。（©大桥富夫）

"流动性、透明度、轻快感"是建筑师伊东丰雄和结构工程师佐佐木睦朗在规划"仙台媒体中心2000"之初共有的理念。1995年3月，进行了公开评审，在此前不久的情况是这样的："1995年1月末，伊东先生用传真发来一张极具冲击力的设计草图，不稳定的管柱像海草一样摇摇晃晃地支撑着数张薄板，穹顶变形而来的管状空间结构藏于立方体的办公楼中，将空间结构体系和积层结构体系结合起来，前所未有的建筑和结构创意从草图中可解读出来"（《结构设计的发展过程》，建筑技术）。该作品成为一个契机，使人感受到这样一种氛围：尽管造型上多少有些不合理，但只要拥有成熟的结构设计技术什么都能满足。有些年轻人似乎也有那种感觉。从3.11东北大地震中迅速复兴的"集会空间"再次集聚了许多市民。这里没有在设计竞标方案中所强调的"飘浮感和晃动"，感受到的是这座潇洒的建筑所特有的存在感和力量感。

跨度20m的钢板厚度仅40cm，采用了船用焊接技术。

"台中大都会·歌剧院"。作为国际舞台艺术的据点，综合设施规划了三个剧场。方案通过拓扑学三维曲面连续生成网格（emerging frid），产生了不规则的洞穴空间，构成曲面结构的"悬链曲面"单元共有58个，可以期待来访者和艺术家之间的互动。（©伊东丰雄）

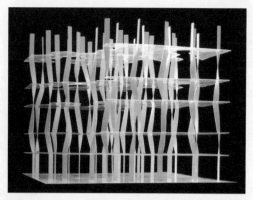

津田兽医科（2003年）。没有背板的钢板格栅墙，如果仅单片墙的话会非常柔弱，但交错放置就能互相抵抗屈曲，发挥出强度。如取下非结构体的后挡板和无关紧要的板格，就会像拔掉牙齿的状态，产生不可思议的流动空间。

"LEICHTRAUM"（2010年威尼斯建筑双年展展出作品）。这是瑞士铁路用地的高密度区域改造方案。对应各层不同的空间性质差异，在根据法则运算的同时，3种柱——带状柱支撑着弹性变化的六角形模数化地面。

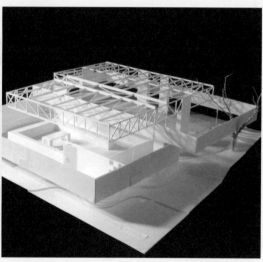

"古董娃娃工坊"（2009年）。周边的绿植和全部道路视作外部空间，摆脱重力的腰墙尝试用浮游带围绕整块用地，在取得相互平衡的同时，双层、三层、"盒体"层层垒叠。工坊和住宅两个功能通过3重正交的纽带，形成一个整体空间。3个结构要素：浮游带（夹心钢板）、轻质屋顶（平行桁架）、利用顶棚的承重墙（钢板墙）既相互分离，又统合成整个系统，与模糊、互相渗透的建筑空间边界形成共振。（左：©前田圭介）

右："高松丸龟町商店街拱廊"（2011年）。四层屋顶高度的玻璃屋顶，使往日街景焕发出新的活力。三个街区，每个街区都赋予了不同的表情，可以想象项目完成的困难程度。左："BCE PLACE·步行商业街"（1992年）。位于多伦多市政厅附近，像树木一样覆盖拱廊的钢结构设计，洋溢着卡拉特拉瓦的才华。钢构件纤细的影子投射在地面上，图案随太阳同步移动，使人联想起大教堂。

Year		B.C.	A.C.	1000	1600	1800	1900	2000

70

利用IT的形态设计

From Finding Design by using IT

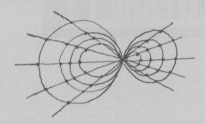

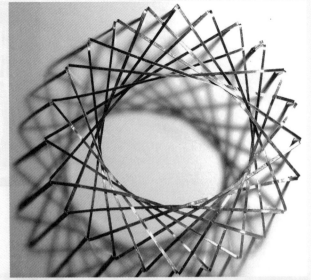

与人生有青春一样，城市作为生命体也有青春期。在色彩斑斓的那一瞬间，和人身体发育长大一样，都市也会经历建筑高潮，形成其身体骨骼。东京（1964年）与北京（2008年）分别是两届奥林匹克运动会的主会场，两座主体育场都分别在这两个巨大城市的青春期建造，结构设计有着很大的差异，深刻地反映着40年间世界的变化，货币的流动性也是其中之一。总的来说，北京市民和中国国民对"鸟巢"十分满意，因为它在象征性上获得了空前的成功。可是，面对简洁的结构模型，谁又能令人吃惊地发现，采用门式刚架的这个空间结构难以想象的不经济！当然，几何形状的确定、剖面的优化计算、复杂的构件制造等都可以借助IT的力量，除了计算以外，听不到负责设计的结构工程师对此的评价。建筑师赫尔佐格和德梅隆（Herzog & de Meuron）表示："这座建筑并非一味追求标新立异，也不是为了政治，而是真正的公众建筑"。

"北京奥运主场馆"鸟巢（2008年）。标新立异的外观源自中国传统的钧瓷"壶"，不久，"鸟巢"的昵称就被传开了。扭曲的矩形钢管门式刚架最大跨度330m。因为预算超支，最初计划的可开合屋顶被取消，开口部也缩小了。

| fig.1 | 门式刚架M图

虽然粗看起来构件构成极其复杂，但主结构出乎意料的简单。结构合理性有待商榷。

"蛇形画廊·展馆"（2002年）。位于伦敦肯辛顿花园中央蛇形画廊前庭的草坪上，作为蛇形画廊的临时展馆，仅在夏季开放3个月。正方形平面（边长17m）上高度4.5m箱体的钢板格（d=550，厚度按应力分布变化）组件，在现场用螺栓连接。粗看似乎复杂的格状图形，实际来自将正方形扩大和旋转的简单原理，与其说是建筑，不如说是艺术品。

"ROLEX研修中心"（2010年）。金泽21世纪美术馆建成6年后，轰动世界、前所未闻的美术馆SANAA，再次实现超越，创造出全新形式的空间。瑞士联邦工科大学（EPFL）以"相遇与共同研究"为主题，既富象征性，又具体实现了更为丰富的空间，在备受瞩目的国际设计竞标中获胜。行走在平缓起伏的地面上，独特的地形使人感觉好像行走在漫无止境、上下起伏的草原上，别说建筑全貌，就连规模和方向都难以把握。

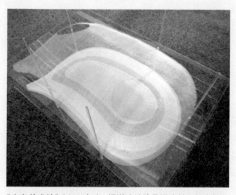

"丰岛美术馆"（2010年）。据说该地块是福武总一郎会长亲自驾驶直升飞机时在飞机上做出的决定。仅就一个作品进行永久性展示的美术馆实属罕见。这是一个位于错落起伏的地形中似水滴般的有机空间，从地面上186个小孔中产生的"水滴艺术"宛如生命体，在地面上缓缓地变形移动。在决定覆盖不规则椭圆平面的RC曲面板（长边60m，短边43m）几何形状时，采用了基于计算机灵敏度解析的形态决定手法。壳体厚25cm，最大竖向高度5.12m是设计条件之一。

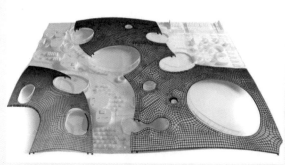

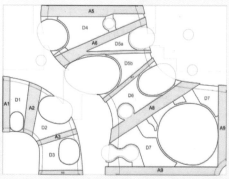

支撑"ROLEX研修中心"（195m×141m）屋顶钢构格栅（9m间隔，d=240）的RC下部结构（最大跨度80m、厚60mm）像从地面卷起悬浮在空中。具有后张预应力的两张曲面混凝土楼面板共计采用11个拱进行加强，面应力和弯曲应力共存，平坦（f/l=1/17.5）的厚壳体绝无仅有。在与形态分析同等重要的变形分析报告中指出，变形最大值为220mm（δ/l=1/300）（M.G rohmann，K.B ollonger SEWC.2011）。

Year		B.C.	A.C.	1000	1600	1800	1900	2000

71

抗震加固设计

Improved Earthquake-Proof Design

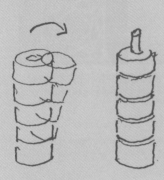

"东京工业大学须豆香华台校区G3栋改造工程"（2010年）。近几年，被广泛关注的"隔震"概念的精彩之处，就是明确地把握"地震不是荷载"这一点，这与"心柱结构"在思想上很接近。

一般来讲，保留原有的结构体并提高其抗震性能通常有两个方法：第一个方法是对建筑整体采用抗震要素进行覆盖，作为全新建筑与内装一起进行再生；第二个方法是认可其原有的设计价值，在不冲突的前提下，提高结构性能。现在有新的第三个方法，在尊重原创设计特性的同时，以最少的建筑操作，显著提高抗震性能。这个旧改新的方法，在东京工业大学须豆香华台校区的研究生院大楼（2010年）进行了尝试，作为核心构思，和田章提出了自立型摇晃墙柱，这与五重塔的中心柱相似，可防止地震时发生特定楼层的倒塌，分散整栋建筑的地震能量。从外墙面后退的节点严丝合缝地收进，该基本构思充分尊重和契合原有开口部的设计形象，项目一举进入了具体操作层面。

在壁柱间隙中插入的钢制减震器、底部的铰接点、一层公共区域的设计、世界伟人们的格言雕刻等等，这一切都充满了设计团队的智慧和力量。

| fig.1 | 摇摆型壁柱抗震改造

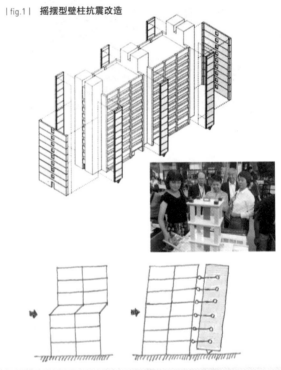

摇摆型壁柱（中心轴）的底部采用铰接固定，通过地震力附加，有效提高原有结构本身的抗震能力，该机理的设想过去就有，但在全球没有先例，它能可靠地阻止特定楼层的坍塌，在间隙中插入屈服滞后型阻尼器，在地震发生后进行更换。

"心柱加固实验"（2011年）。在阪神大地震中，神户市政府大楼仅第3层倒塌。在这张照片中，首先起动操作杆模拟地震，3层木结构模型发出很大的声音，瞬间倒塌。然后将蓝色"心棒"放进去后再行摇晃，建筑物没有损坏。对于市民来说，小小的实验胜过一切雄辩。

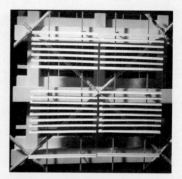

"东京工业大学绿之丘1号馆改造工程"（2004年）。竣工逾40年的老建筑，已不符合现在的建设规范，要在不停止使用的情况下进行改建，同时从结构、设计、环境方面着手，实现抗第2水准地震的抗震性能，并在1年时间内同时达到环境负荷降低以及外观焕然一新的目标。建筑南北侧安装的能量斜撑，相比以往的强度型更为纤细，其设计可以将对应6级以上地震的主结构控制在弹性范围内。

在支撑一体化半开放式双层外壳中，将百叶窗和玻璃结合起来，控制夏天、冬天及中间期的环境负荷。刚与柔两个方面有机"结合"进行抗震加固设计取得了良好结果，外观也更加美丽。

"滨松Sa-la"（2010年）。黑川纪章设计，这个建筑物（1981年）的抗震加固是作为100周年纪念活动的一环进行的。像藤蔓又像丝带一样螺旋形缠绕在建筑物上的加固法称为"螺旋加强带加固"，这个没有先例的"高雅建筑"改造相当大胆。

对四方围护结构的抗震加固。地震发生时荷载集中在正下方的基础，此时地震力被分散到整个建筑物，减轻了各个基础的负担。在外侧安装的玻璃幕墙可全面改变正立面设计，不需重建就能感受全新建筑的氛围。

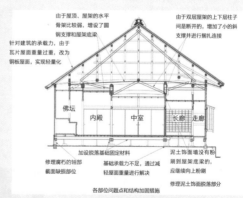

"Katzchu大厦项目"（2011年）。千叶县馆山市一栋小型老楼的重装修工程，该建筑将作为振兴商店街的据点，同时还需要提高抗震性能。特别要说明的是两个"协同"：第一是民间（商店街）、官方（市政府）、学校（大学）协同，第二是产（设计事务所）和学术团体（学会·大学）协同。预算较少，在采纳各种想法和办法的基础上，最终决定采用"甲胄"的设计思路。"随机加固"中包含了技术和感性的融合。（© 冈部明子）

福井县指定有形文物 瑞源寺本堂抗震改造修复工程（2009年）。建于天保年间（1830年）的寺本堂保护缮修工程中的抗震加固改造工程，目标是在弥补结构明显不足的同时，在不损坏建筑物本身结构特性的基础上进行抗震加固。基础加固材料和支撑材料等都集中安装在地板下面和阁楼内，没有增设影响使用和外观造型的承重墙。将屋瓦更换成铜板屋面的目的是改善和弥补基础承载力和抗震性能的不足。因为轴部损坏和缺失很多，进行了全面解体重建。

Year		B.C.	A.C.	1000	1600	1800	1900	2000

72 可持续设计

Sustainable Design

"关西国际机场候机楼"（1994年）。主候机大楼（MTB）使人联想到"恐龙骨架"的流线型屋顶造型，屋顶造型不是由构成82.8m大空间的结构派生出来的，而是根据空调系统（开放式空气通道）描绘的曲线确定的。MTB两侧全长1.7km的建筑外廓半径为16.4km，断面呈环形旋转，以保证单元规格相同。

关西国际机场竣工（1994年）的前一年，乘玻璃轿厢电梯沿坡道而上访问R·皮亚诺戏剧性的办公室，初秋的风吹拂在俯视地中海的热那亚山冈上，也许喜欢游艇的建筑师设计时会经常要考虑"风"的因素吧。

"关西机场"的主题理念有三个：维系空间和形态的几何结构、由覆膜到结构的构成逻辑、利用风的环境控制。宽288m、跨度83m、顶棚高近20m的主空间的非对称拱形断面形状，取决于风（空气的流动）。临近设计竞标截止之前，环境工程师巴克（barker）给冈部宪明发来一份传真，描绘了20世纪的未来派对加速度空间感性的探索和追求。作为结构专家的P·赖斯也表示赞同，他提议应确实掌握气流和温度分布、被称为空气导管的吊膜顶棚同时成为光的反射板，使大空间变得更加丰富。

建在浮于太平洋中的新喀里多尼岛上的让·马里·吉巴乌文化中心（1998年）也是由R·皮亚诺设计的，美丽的"风之建筑"是具有矩形平面和双层外壳的烟筒状木结构塔，因应东南方向的盛行风，促进建筑物的自然换气。

"犬岛艺术项目（精炼厂）"（2008年）。是100年前被废弃并长期搁置的精炼厂以艺术为轴心进行再生的宏伟项目。以此为背景，在将因非法丢弃而环境受到破坏的濑户内海恢复到原来的容貌这点上，发包商达成共识。成为废墟的建筑物和地块上，所有废弃物都是可以再生的资源，并有可能成为有效的能源。对地球来说，如果能创造知性的、可持续的场所和空间，艺术的表现者也能问心无愧。太阳、风、地热等不分季节地将空气和排放转换成舒适的节能照度、温度、湿度、植物，这是作为连接未来的环境装置的实验性建筑项目。（©新建筑写真部）

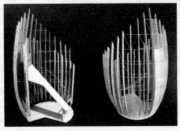

"让·马里·吉巴乌文化中心"（1998年）。位于澳大利亚遥远东部的岛，是保存、展示卡纳夫人习俗、技术和艺术的设施。木结构塔耸立在森林中，能充分利用风能，将传统和现代技术结合在一起，是名副其实的建筑工学设计（Archineering Design）建筑。

"伦敦市政厅"（2002年）。是将环境能源问题作为重点政策的城市新的象征以塔桥为背景，建造在泰晤士河边，极具特点的建筑造型是以热损失表面积最小的球体作为基础的，此外还考虑了日照方位的不同。保持外形非对称的同时，为了提高透明感和保温性能采用了三层外壳外墙，据说能源消耗量比以前减少75%。

"ACROS FUKUOKA福冈"（1995年）。采用阶梯式框架结构，使用人工土壤做成阶梯式屋顶庭园，保温、保湿性好，运用绿化的汽化冷热控制建筑周边表面温度的上升，夏季该冷气能降低建筑南侧的温度。

"R128" W·索贝克的私人宅邸。为使建筑整体实现完全的再利用，通过标准化、信息化控制技术，依靠太阳光和地热，几乎能满足全年所需的能源。他认为这不是标准答案和终点，而是人类居住方式面向未来的转折点。

在2010年"大家的森林岐阜媒体世界"设计方案竞标中，伊东的方案提出了系统的环境友好策略：利用覆盖整栋建筑的地产材木结构壳体的起伏，将"上下温差和外部风力作为动力，使柔和的自然通风"成为可能。利用屋顶排水和地热进行植被绿化，目的是使人们视觉上感觉如在大自然中。（©伊东丰雄）

"国际教养大学图书馆楼"（2008年）。是以培养为国际社会和地区社会作贡献的人才为目的的公立大学的核心设施，规划了24小时开放的图书馆，可以感受到细腻精湛的日本技术和精神。作为环境建筑的一环，使用秋田县产木材的结构设计灵动飘逸，内部空间戏剧性的罗马圆形剧场风格极大地丰富和提升了在这里学习的年轻人的空间感受。（©仙田满）

"豆形穹顶球场"（2007年）。被绿色覆盖的巨大空间，兼具体育设施和防灾设施两种功能。屋顶的3个天窗白天可以确保充足的自然光线，空间条件也满足紧急情况下的基本使用需要，外装饰在考虑隔热效果的同时，也注意与风景的整体协调。（©远藤秀平）

Year	B.C.	A.C.	1000	1600	1800	1900	2000

73 自我增殖的太阳能烟囱

Self-increasing Solar Chimney

工程师倾注毕生精力的宏伟项目。灼热的沙漠上，自我增殖的太阳能烟囱是掌握能源问题的关键。

在人无法居住的灼热大地上设置的太阳能烟囱（高1000m）的模型

"What is these to stop us doing it now? Act now!"（我们正要做的事情还能被阻止吗？马上行动吧！），这是J·施莱希1995年出版的小册子 "The Solar Chimney"（Electric from the Sun）"结语"的最后一句。

让沙漠给20万户居民供电

对太阳能的有效利用是施莱希一生追求的课题。他在很久以前就十分关心欠发达地区的贫困问题、人口增加和无止境的经济增长给世界和平和环境带来的威胁。不知从何时开始，他坚信唯有太阳能可以打破现状。从1972年利用金属薄膜太阳能集热器（Membrane Dish）1号开始，其研发方向逐渐发展为硕大的太阳能烟囱。

1981年，在西班牙曼萨纳雷斯荒野上建成了第一个试验性设备，并被评为2002年11月《时代周刊》"创意"（Thinking Big）类年度最佳发明。

右：首次在西班牙曼萨纳雷斯荒野上建造的试验性成套设备（1981年）。烟囱高195m、直径10m，收集器直径250m。右：玻璃屋顶收集器内景。

只要建造一座烟囱，以后可以通过其自身产生的能源进行自然增殖，简单而可靠，而且不需要高端技术和资源、不需要冷却水和散热措施。这些要求太阳能烟囱都符合。究竟什么时候人类才能从对煤、石油、核能等现代能源生产的依赖中摆脱出来，并开拓新的途径呢？（©J.Schlaich）

| fig.1 | **太阳能烟囱的构造**

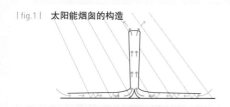

庞大的玻璃屋顶收集的强劲的热空气在高达1000m的烟囱内上升，脚下的涡轮机将该动能变成电力。这与水力发电将水的势能变成电力一样，太阳拥有的热能也能让空气流动进而发电。

| fig.2 | **夜间可发电的水袋系统**

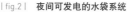
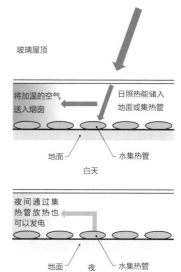

玻璃屋顶
将加温的空气送入烟囱
日照热能储入地面或集热管
地面　水集热管
白天
夜间通过集热管放热也可以发电
地面　夜　水集热管

为了使目前普及的太阳能电池板和收集器盘获得最高的效率，虽然可以控制跟踪太阳方向，但夜间仍然不能工作。对太阳能烟囱计划有一个设想，在平坦低矮的玻璃屋顶下放置水袋（水袋厚20cm～50cm），白天高峰时将太阳能预先储存起来，夜间将热量排放出来，通过这个系统，全天24小时、夜间和阴天都可以持续地发电，这种方法的实验性验证备受关注。

　　据报道，该项目2005年由澳大利亚政府开始实施，在广阔的沙漠中建设高1000m的塔和2万英亩的聚光屋顶（绿色住宅），为20万户居民供电。

　　在人无法接近的灼热沙漠上，用沙粒生产水泥和玻璃，再建造烟囱，是名副其实的自我增殖。施莱希1997年11月在日本建筑学会演讲会上这样讲道："电力公司对使用太阳能是持反对意见的，但只要利率稍微变化，太阳能就会变得比石油还便宜，这只是时间问题。最初的一座，只要有30MW的试点成套设备，以后就能继续下去，用不着召开什么可持续能源的国际会议"。譬如，像迪拜那样一边挑起人和社会的欲望，一边从沙漠持续地开采石油的现象是不可取的。在阿拉伯土地上对施莱希项目的关心度也日益高涨，也许在不远的将来，超过哈里发塔（2010年，828m高）的太阳能烟囱就能在灼热沙漠中的各个国家得以实现。

74 今天，如果你是富勒
——地球号宇宙飞船该飞向何方？

Back to Fuller,Forth to the Fuller-Space Ship the Earth

2002年秋天，我到R·罗杰斯的设计工作室拜访朋友，工作室西侧面向泰晤士河的巨大半圆形玻璃上安装的绿色扇形可动窗帘给我留下了深刻印象。

也许是刚参观了诺曼·福斯特工作室的缘故吧，感觉所内的气氛开朗明快得多，夫人经营的一层餐馆也热闹非凡。离开的时候他们向我介绍了罗杰斯著的"Cities for a Small Planet（1996年）"，这本伦敦的畅销书，封面方正，粉红色，非常鲜明，不由得被书中罗杰斯本人的精彩作品案例所吸引。回国后，立刻到书店购买了新出版不久的《城市，这个小行星》（野城智也等翻译，鹿岛出版）。

我曾多次参观巴黎的蓬皮杜中心和伦敦的劳埃德公司，对它们完美且充满现代感的设计非常欣赏。作为国际明星建筑师，罗杰斯直面"建筑、城市和环境"难题的姿态令人敬佩，他以"设计"作为切入点战胜当今各种障碍的态度也让我颇有共鸣。安藤忠雄在书评中这样写道："他最大的功绩在于通过这本书努力促使更多人理解环境问题，使环境问题广泛地为普通人所接受，改变了国民的环境意识"。德克尔（Deckel）勋爵在绪言中概括道："R·罗杰斯的这本书是希望的寄语"，该希望的根源可以说正是该书所具有的想象力。

2005年9月，继可持续建筑设计会议之后，在JIA建筑研讨会的演讲中，罗杰斯介绍了自己迄今为止实践的多个项目，雄辩地论述了建筑和技术的关系。

"建筑必须将技术要素和艺术要素融合在一起。我们建筑师要分析给与的条件，逻辑地构思功能、形态、程序等相关因素，同时将两个要素用自己的词汇进行归纳提炼。地球不是无机体而是生命体、有机体。如果不珍爱有生命的地球，我们的社会包括人类本身都无法生存下

1. 眺望泰晤士河畔的罗杰斯办公室
2. R·罗杰斯的著作《城市，这个小行星》的封面
3. B·富勒的著作《地球号宇宙飞船》的封面
4. 蒙特利尔博览会USA馆（1967年）©神谷宏治
5. 装有遮阳帘的外壳
6、7. 佛罗里达·艾波卡特（Epcot）中心的"地球号宇宙飞船"

去。我们能在地球上享受能源夸张地说全部来自太阳的恩惠，我们在生活中巧妙地利用清洁的太阳能的同时，也必须改变自身的生活方式。此外充分利用植物和大地的能量、风和太阳的能量、水和海洋的能量也非常重要。建筑师现在不应依靠需要大量能源的"主动式"技术，而应开始探索利用自然可再生能源的"被动式"技术。这种挑战是否能推动建筑形态的革新？是否能将建筑变得更有人性美？今天的社会需要可持续建筑，也许这是我们志存高远、建立新美学秩序的契机，此外也是为建筑职能再添活力。"

即便建筑师与工程师换位思考，罗杰斯的这个论点也能被接受。

再次回到罗杰斯的著作，在第1章"都市的文化"的扉页上，有这样一段话：

"当我们登上地球号宇宙飞船并确定方位，首先应该确认飞船上还有多少能够马上使用、明确必要且不可或缺的资源，虽然我们一无所知，但却盲目地认为直到如今资源仍丰沛充裕，还能充分维持人们优裕的生活。

其结果是我们不断浪费和掠夺，不知不觉已经离资源枯竭咫尺之遥。迄今为止人类的生存和发展处于被缓冲材料包裹的状态，就如同鸟在卵内被储存的液体营养所孵化的状态。（巴克敏斯特·富勒，"Operating Manual for Spaceship Earth"）

"地球号宇宙飞船"现在作为TV节目的标题为人们所熟知。而我初次接触是在约50年前的1960年代，以毕业研究时致力于"巴克敏斯特·富勒的世界"为契机。

作为概念也许过去就已经有了，但作为明确的"语言"从富勒口里说出来，据说是1951年前后，其背景是他长期拥有、培育的"来自外部的视角"，即时常以"地球的内和外"的视角进行全面思考并展开的多个项目和深刻的理念，富勒对此进行了通俗易懂的诠释：

"地球号宇宙飞船被如此精彩地设计和发明了，据已知范围，人类来到这条船上已长达200万年，但我们并没有意识到登上了这条船。尽管所有的局部物理体系存在能量丢失，即熵现象，但我们的地球号宇宙飞船却能在飞船内反复再造生命，实在是惊人的设计。总之，再造和维持生物生命的能源是来自于名为太阳的其他宇宙飞船"（芦泽高志译《地球号宇宙飞船——操纵手册》筑摩学艺文库）。

在B·富勒的研究者梶川泰司的著作（文献13）中，富勒的思想被这样传递出来："地球的环境问题"从"人类在宇宙中的作用"开始，设计、科学以外的政治手段使地球资源的竞争再次激化。70年代富勒就热烈地论述过，包括天然气在内的化石资源只是紧急时使用的自动启动装置。21世纪人们认知转向生态技术，向宇宙生态学最终阶段加速，富勒发明的概念："ephemeralization"（再生加速化），用最少的资源做最多的事（Do more with less），终极目标是"不用任何资源做所有的事（Do everything with nothing）"，这被视为21世纪的"自然"，"地球号宇宙飞船"是"水的行星"。

8. AIJ学生夏季研讨会海报（2003年）
9. A-Sphere（AND展2010年）
10. 冬暖夏凉的绿色穹顶
11. 自我增殖的太阳能烟囱
12. 通过Dymaxion Map的世界规模的供电网络
13、14. 七个张拉整体结构的星和蓝色的地球（AND展2011年）

　　3.11大地震敦促我们重新考虑生活方式和日本的行为。关乎国家、社会、经济、技术的"我们这个时代"（内山节）可以说是失败的。正因为如此，有必要重新构筑"Less with More"（少即是多）的视角，再次构思富勒所说的"More"的愿景。

　　B·富勒是全力跑完20世纪的男人，同时也是凝视地球和宇宙的人。"考虑'Your Private Sky'——思考的你一定拥有未来"，这是他在年轻人面前的口头禅。正如他所预言的那样，在"地球号宇宙飞船"的现实和走向的危险逐渐清晰起来的今天，富勒会如何改写他的操作手册呢？肯定会更加超前。那么现在，假使你是富勒，你会怎样考虑、如何行动呢？

11

12

13

14

参考文献

1—Alan Holgate, "The Works of Joerg Schlaich and his Team", Axel Menges, 1997)

2—J.Schlaich,R.Bergermann, "Light Structures", Prestel,DAM, 2003)

3—Joerg Schlaich, "The Solar Chimney", Axel Menges, 1995)

4—Derek Walker, "Great Engineers", Academy Edition, 1987)

5—Max Bill, "Robert Maillart", 1949)

6—「国立屋内総合競技場」『新建築』1949

7—「丹下健三―時代を映した多面体の巨人」『日経アーキテクチュア』2005

8—J・ノリッジ「大図説・世界の建築」(堀内清治ほか訳、小学館、1977)

9—B・フラー・R・マークス「バックミンスター・フラーのダイマキシオンの世界」(木島安史・梅沢忠夫訳、鹿島出版会、1978)

10—R・マーク「光と風と構造―建築デザインと構造のミステリー」(飯田喜四郎訳、鹿島出版会、1991)

11—斎藤裕監修「Felix Candela フェリックス・キャンデラの世界」(TOTO出版、1995)

12—宮崎興二「建築のかたち百科―多角形から超曲面まで」(彰国社、2000)

13—J・ボールドウィン「バックミンスター・フラーの世界―21世紀エコロジー・デザインへの先駆」(梶川泰司訳、美術出版社、2001)

14—三上祐三「シドニーオペラハウスの光と影―天才建築家ウッツォンの軌跡」(彰国社、2001)

15—高木隆司「かたちの辞典」(丸善、2003)

斋藤公男(SAITO MASAO)

1938年,群马县出生;

1963年,日本大学理工学研究科大学院毕业;

1973年,同校副教授;

1991年,同校教授;

2008年,退休、同校名誉教授;

2007年,日本建筑学会会长(第50代)。

日本空间结构设计第一人。主持过出云体育馆、静冈体育场、

山口KIRARA穹顶等结构设计。

主要获奖情况:

　　日本建筑学会奖(业绩)·教育奖;

　　松井源吾奖;

　　IASS·坪井奖;

　　E·TOROHA奖等。

日文原版书

制作协助：能村膜结构技术振兴财团

设计：刈谷悠三＋木村稔将/neucitora

编辑协助：大西正纪＋田中元子/mosaki

照片：斋藤公男（版权标注以外的全部照片）

印刷·装订：大日本印刷股份公司

英译协助：Jonathan Harrison

图面制作：冈崎拓寿 冈崎制图

ARCHI-
NEERING
DESIGN
GUIDE
BOOK

原版后记

最初举办建筑工学设计展（AND）是在2008年秋天，地点在日本建筑会馆。将大会议厅、建筑博物馆、中庭合为一体作为展示空间进行展览。这里有学生的艺术作品竞赛、父母与孩子的地震体验学习以及室外研讨会等丰富多彩的活动，有许多来宾出席，建筑会馆前所未有的热闹，体验到一种"开放的学会"的感觉。从那之后，进行了全国巡回展览，在各支部各地区的8个会场（福冈、金泽、札幌、仙台、京都、广岛、高松、埼玉）巡回进行，最后以在东京丸之内·马尔立方体举办的凯旋展作为整个巡回展览的结束。在各地区众多大学、团体的协助下，还同时举办集会和参展活动，活动举办得非常热闹。

2011年秋天召开了"UIA东京2011"——日本建筑界期盼已久的"世界建筑会议"。应日本建筑学会提出的举办AND展的邀请，并再次在东京丸之内·马尔立方体中举行（9/22~10/1），增加了新的内容，巨大的中庭中央放置的艺术作品也是新设计的。受到东日本大地震的影响，这次UIA的主题确定为"DESIGN——2050——克服灾害、团结一致、走向未来"。AND展览在以往8个主题（A–H）的基础上增加了一个主题I"来自3.11的信息"，其中贯注了过去（至今）·现在（眼前）·未来（今后）的建筑师（界）在思考什么、如何行动、如何向社会传递哪怕一丁点的信息等想法。

AND展会场宏大，盛况空前，包括参加UIA的海外建筑师和市民，10天中约有2万人入场。但是，由于展览时间太短，到处都能听到"请再详细解说一下"、"没有这次的宣传册吗"等等这样的声音。

因为前两次制作的宣传册几乎没有了，所以考虑制作新的宣传册。AND展的一个特点是超越时空、超越领域，各种内容在一个展示空间内展示出来，在这里，挖掘作品、通读"放大镜"的观点，思考与其他作品的关联、编织传说，与"指南针"的视点相互交织，非常有趣。

持"放大镜"和"指南针"的视点，将从古至今东西方的AND世界——造型和技术的交叉点描绘出来，这就是本书的目标。对于古今"建筑的见解"希望能在年轻人中成为议论的话题。

最初构想AND展的直接契机是2005年秋天发生的"姉齿事件"（抗震强度伪造事件），

除了行政部门迅速做出的对策和各职能团体的对应外，学会也遭到很多议论，建筑界再次确认了建筑本应具有的姿态，关键词是"'建筑'的责任和荣耀"，就"建筑"（建设，被建设）的普遍魅力和社会责任达成共识，并向市民发表。为将此理念以具体的形式来开展，特策划了AND展。

从世界遗产到最新的建筑作品、从居所到城市、从超高层到大空间、从建筑到桥梁的那些杰作/名作/话题作品（当然，选择上多少会存在一些偏差）主要是学生们动手制作的。不仅要完成模型，还要弄清它的结构原理，动脑筋想办法，"一边学习一边制作"，模型制作本身也成了一场比赛。

展览会的主题是"通过模型欣赏世界建筑——与生命息息相关的建筑的智慧"。无论是在技术不断进步的现在，还是在科学和技术都未成熟的古代，其核心都是人类的智慧。人与自然、人与人的联系是"建筑"的原动力。另一方面，在科学和工学发达普及的现在，需要指出认为"什么都可以轻易完成"的危险性和仅靠技术就可以随意增大、加速的危险性。在造型和技术的交叉点上，与对未来的期待一起，警告也在慢慢逼近。

第九个展示主题"I"——"来自3·11的信息"就是一种启迪。例如对付巨大海啸的堤坝、代替自然能源的核电，在某种意义上来说是对技术过于自信，难道不是吗？技术所具有的潜力以更高的水平发挥出来，软件和硬件的组合创造出更加安全舒适的社会空间，创造出人与自然共存的环境，AND的理念和目标需要在这个大的潮流中得到展现。

在举办AND展时曾得到许多的帮助和支持：以JSCA为首的建筑界的诸团体和赞助企业；担当模型制作的设计者以及全国的大学教师和学生们；日本建筑学会的执行委员会、特别是工作组承担宣传画制作、会场设计还有布置/搬运/收纳和艺术作品的制作/安装等多项庞大作业的佐藤慎也、广田直行、宫里直也、镰田润一等诸位，在这里对他们表示衷心的感谢。

作为市民与建筑相联系、建筑师和结构师交流场所的AND展，非常期待什么时候能增加新的内容出现在我们的面前，那时候，如果本书能有所帮助，实在荣幸之至。

—UIA2011·AND展，于丸之内·马尔立方体会场
斎藤公男

1. 通过触摸模型有了各种发现。
2. "复兴的方舟"（陶器浩一）。
3. "市民和崭新街道的描绘"（伊东丰雄）
4. 丸之内·马尔立方体展示的风景。
（右：2010年。左：2011年©阿野太一）
5. "Tensegrity Flower Type B"（整体张拉之花，类型B）

最新版后记

AND展和两个矢量

日本建筑学会开始举办建筑工学设计展（AND）大约是在6年前的2008年，全国巡回展、UIA展、中国台湾展等持续举办达17次之多，由少数精锐实施成员和许多学生们组成，其中的辛苦自不必说，用纸张和木头制作约180个"模型"的疲劳（痛苦）想必也能描测出来。现在，为期一年的"中国巡回展"终于在今年秋天正式启动。非常期待以日中共同举办的形式进行建筑文化交流。

去年，在日本建筑会馆举办的2013 AND展上，有学生研讨会等的结构艺术作品以及小规模的合作计划得以实施，专业和业余的交流空间不被认为是"学会"而更像是热烈的节日活动。在博物馆展览室有三个展览主题："最近的话题作品"、"复兴的设计"，再加上一个"新国立竞技场（NNS）"。它们不仅仅得到学生和社会的关心，还汇聚了许多建筑师、工程师的关注。这个AND展的计划是去年4月份制定的，那时候NNS的国际设计竞赛结果已经出来了，但是东京是否能举办2020年奥运会还尚未确定。

基于对工程设计（ED）和建筑的融合/触发/统合的更进一步认识形成了Archi-Neering Design（AND）。"两个矢量"：以构想为基础也就是所追求的东西（造型）如何具体化的矢量；技术潜在的合理性/可能性如何与充满魅力的建筑相结合的矢量。想象力和实现力在个人（建筑师/结构师）或是两者的协同中产生强烈的交叉。

而且在知道多少会产生误解的基础上对"两个矢量"的状态（进程）用3种类型（Type）进行捕捉：Type A（A型）是将美的东西合理化——造型优先，然后利用适当的技术实现的造型优先型；Type B是将合理的东西美化——重视成熟的或者是已开发的技术，它是根据丰富的感性因素实现的技术优先型；还有Type C是既美观又合理——造型与技术从项目初期阶段即以共同的主题为目标，通过两者的融合/触发，以高水平的统一为目的。重要的不是对A、B、C各自的优／劣势的讨论和详细的分类，而是应该意识到与杰出的建筑师承担共同责任的工程师的存在。

例如以往的奥林匹克体育场中，Type A、B、C分别的代表是蒙特利尔、慕尼黑、代代木。一方面，北京鸟巢与Type A相近，但是另一方面又很难看到工程设计的身影，应该是Type D吗？作为IT时代的产物，近年来逐渐出现的"形态表现主义"潮流成为主角。

在去年的AND展上，以往的奥林匹克体育场模型——代代木、慕尼黑、北京并列展示在"新国立竞技场·国际设计竞赛"最优秀作品候补的展板。这里针对以往11个作品按照上述的Type尝试着分类，应募者以怎样的主题为中心来应对方案征集呢？如此思考很有乐趣。竞标的重点要从正面应对，有重视天然草坪的培育和机能的转变、开合屋顶结构和遮音/吸音/维护管理、室内环境和成本可行性较强的方案（Type B）。同时也有评委高度评价的具有很强形态表现力的几个方案（Type A）。对两者进行比较的话，这个工程所包含的复杂且困难的课题和各种背景/状况就浮现出来。

大空间建筑的设计

在日本的大空间建筑中获得优秀成果有两种途径：一种是富有个性的建筑师和结构师，以及两者之间卓越的个人协作，例如以"国立代代木体育场"（丹下·坪井）、"东京都体育馆"（慎·木村）为开端可以列举出许多事例。

另一种是以建筑（规划/构思）与技术（结构/设备/施工），或者是个人与组织的专业合作为前提的设计方式。特别是日本初期穹顶竞标提倡的"前桥方式"（设计事务所+总承包公司），之后变

为"建筑师+总承包公司",于是被世界注目的穹顶建筑群陆续诞生了。它们在确保工期/成本/安全性的基础上竞争各自的设计性,这种方式适用于"大空间"这种特殊的公共建筑的建设,它作为先进的日本体系,应该被重新评价吧。

不管怎么说,通常对于缺少经验的"超大型无柱空间+开合屋顶",全面的实施技术与对整体的预见性很重要。这意味着需要在初期阶段尽可能广泛听取意见,造型形态设计工程师能够担保实现到什么程度,或者是否能提出更加合理的二选一方案,是关系到这种世纪结构成败的关键,当寻求战略时,日本也必须用全球化视点对适当的技术进行选择与决断。

向未知的挑战

在2012年末举办的"国际设计竞赛"上被评为最优秀奖的是"Zaha Hadid Architects",非常具有标志性的建筑形态与其他的应募方案相比尤为显眼,被认为会成为东京奥林匹克运动会(2012.7)上的一大亮点。从上空看是一个见所未见的非常有魅力的形态,从地面看会让人感觉自身的渺小和自我的迷失。一方面,预定建造一个地理环境完全不同的与Qatar沙漠相似的流线型体育场;另一方面又在想,现在的状况是Z・H喜欢的风格吗?日本选择的构思设计如何成为"日本建筑"的结晶呢?现在许多人都在祈盼着国家的这个巨大项目。

在去年AND展的一角,并排展示了过去奥林匹克设施的小型模型。那里也有与作者有关的"岩手县立体育馆"(1967年,P 23),基本设计开始于"代代木体育场"建成的1964年,虽然规模小,但是由主拱和索网组成的外观和内部空间与Zaha的构想类似,最大的特征是4个拱,拱的截面中间是循环空气管道。不同点是边界构造的想法和中间拱的外倾、更巨大的规模、开合屋顶以及天然草坪。

从结构设计的角度来看,首先必须解决的命题是"带有开合机构的主拱式索膜结构"。由远远超过300m的倾斜主拱、索网式膜屋顶、折叠式开合屋顶结合而成的特异形态结构,规模和体系是前所未有的,其设计、施工也是人类未曾经历的,可以说是"向未知的挑战"。拥有日本的技术什么都可以实现、什么形状都可以完美的建造出来等等错觉要十分注意,未来的梦想能够由今天的日本来体现吗?希望这样的信息能向全世界传达。

向未来传达的信息

2013年5月,作为国立近现代建筑资料馆的开馆纪念特别展策划了"从建筑资料看东京奥林匹克——从1964年国立体育场到2020年新国立体育场"的活动。

从"代代木"建成到现在正好50年了,从手绘图纸、手摇计算器、实验和施工场景这些过去的记录中得出的结论是:"革新的建筑"不是凭借技术的成熟度而是靠人类的智慧和热情创造出来的,确信这一点的应该不只是作者一个人吧,惊讶于此的年轻人也表达了感激之情。与以前作为日本象征的世界名建筑一样,新国立体育场也将展现面向21世纪的日本应有的姿态。希望怀着梦想与荣耀迎接2020东京奥林匹克运动会,这也是所有人的梦想。但是它不是光做就可以成功的,那么如何实现呢?希望能找到探索其条理的「物语」,这就是为什么要用"代代木"作为封面的缘由。

2020东京奥林匹克的众多项目、东北的复兴与原子能问题、首都的再、构建防灾城市与环境景观等问题彼此交织、不可分割。现在和以后,日本向世界夸耀的语言都是"MOTTAINAI"和"OMOTENASHI",它的精神——Less with More在建筑结构设计界也是早有共识的。

数十年后,我们现在进行的活动从"新型建筑的见解"的视角来看,会被怎样评价呢?一边自问,一边活在当下。

——2014年6月 御茶水 A-Forum

1. 2012年日本建筑会馆的AND展
   NNS设计比赛最终候选作品(11)展示板和过去奥林匹克体育场的模型展示场景。
2. 岩手县立体育馆(1967)
3. Zaha Hadid最优秀方案(2011.11/©JSC)
4. "从建筑资料看东京奥林匹克"(2013.5/©国立近代建筑资料馆)

著作权合同登记图字：01-2010-8042号

图书在版编目（CIP）数据

空间·建筑新物语／（日）斎藤公男著；李逸定，胡惠琴，
吕品琦，陈晔译. —北京：中国建筑工业出版社，2015.8
（建筑理论·设计译丛）
ISBN 978-7-112-18206-0

Ⅰ.①空… Ⅱ.①斎…②李…③胡…④吕…⑤陈…
Ⅲ.①建筑学 Ⅳ.①TU-0

中国版本图书馆CIP数据核字（2015）第131207号

ATARASHII KENCHIKU NO MIKATA
©MASAO SAITO 2011
Originally published in Japan in 2011 by X-Knowledge Co.,Ltd.
Chinese translation rights arranged through TOHAN CORPORATION，TOKYO.
本书由日本X-KNOWLEDGE 社授权我社独家翻译、出版、发行。

责任编辑：刘文昕
责任校对：陈晶晶　焦　乐

建筑理论·设计译丛

空间·建筑新物语

[日]斎藤公男　著

李逸定　胡惠琴　吕品琦　陈　晔　译
吕品琦　陈　晔　校

*
中国建筑工业出版社出版、发行（北京海淀三里河路9号）
各地新华书店、建筑书店经销
北京锋尚制版有限公司制版
北京顺诚彩色印刷有限公司印刷
*
开本：787×1092毫米　1/16　印张：12½　字数：327千字
2017年10月第一版　2017年10月第一次印刷
定价：69.00元
ISBN 978 – 7 – 112 – 18206 – 0
　　　（27429）